ウイルスハンティング

ペットを襲うキラーウイルスを追え！

デザイン・イラスト　飯嶋佳代

まえがき

キーワード：獣医臨床ウイルス学、コッホの原則

今から約30年ほど前に、「動物のお医者さん」になるために大学を卒業したつもりでしたが、何をどのように間違えたのか研究者の道に迷い込んでしまいました。当時は獣医学ではまだ珍しいウイルス学を学ぶべく本郷弥生の東京大学農学部へ毎日せっせと通い、病気の猫や犬からウイルスを探し出す仕事を6年半も続けました。

そのころは試験管内に培養した猫や犬の腎臓や胎仔の細胞に検査する臨床材料をかけて（接種）、ウイルスが増殖すると細胞が溶解変性する（CPE）のを顕微鏡下で観察し、細胞を染色して封入体を探したり、電子顕微鏡を使ってウイルスの形状を調べました。このように研究者の意図のまま野外のウイルスを細胞培養や実験動物の体内で増殖させることを「分離」と言います。そしてその「分離したウイルス」がもとの動物の病気の原因であったかどうかを調べるために、再び同種動物に感染させ、同じような病気が起きて、そして再び同じウイルスが分離回収できることを確認すれば、その分離ウイルスが病原体であると決めることができます（コッホの原則、Koch's postulates）。

当時はウイルスが病因と疑われる白血球減少症、呼吸器病、下痢症、あるいは腹膜炎などの動物からのウイルス分離を試みていました。その後も、仕事の場はスコットランドや鹿児島と、また対象とする病気も猫の白血病やエイズ、さらには犬の伝染病も加わり、研究範囲は広がる一方で、お世辞にも収拾がついているとは言えない状況に陥っています。

もちろんこの間、ウイルス学や感染症学を取り巻く科学、特に分子生物学や免疫学が著しく進展し、その影響は個人的にも非常に大きいものがあります。そして国内外の多くの人たちと「ウイルス」や「猫」あるいは「犬」を通じて交わることができ、しだいに今の自分の得意とする領域が形成されてきました。

自身は「臨床医」でもありませんし、「ウイルス屋」でもありません。その間をつなぐ、しいて言えば「獣医臨床ウイルス学 Veterinary Clinical Virology」が専門でしょうか。

病気の動物からウイルスを見つけ、その性状を明らかにし（同定）、病原体であることを確認し、診断法を開発し、そして予防のためにワクチンを作り出す。これが仕事ですが口で言うほど軽い仕事ではありませんし、もちろん現在進行形でもあります。しかし真に持って残念なことは世間の皆様に満足いただけるような業績が未だに残せていないことです。

そうは言っても確かに人より早く始めた分だけ、また幸いにもそのような環境で自由に研究を続けさせてもらっているお陰で経験が多少は豊富かもしれません。日本には存在しない狂犬病ウイルス以外の、犬と猫のウイルスはほとんど全てを取り扱ってきました。そしておそらくはそれ故に、多分に「犬と猫のウイルス病の専門家で､何でも知っている」と誤解されているふしもあります。

研究者や学者が研究学術成果を社会に還元する一番わかりやすい方法は、一般社会から恐れられている死亡率の高い感染症や難病の診断や治療、あるいは予防できる新しい技術や方法を具現することでしょう。しかし誰もがその機会に恵まれて、しかもできることではありません。次善の方法としてはいくつかあると思います。その 1 つには成果や経験を分かりやすく一般社会の人々や後進に伝えるのも大事だと思います。

現職になってから主に開業獣医師向けの季刊情報誌（*SAC* 誌；共立製薬株式会社刊）の編集も手がけるようになりました。その誌面の埋め草に「最近のちょっと気になる文献情報」と冠して読みにくい外国語の最新研究論文を獣医師の先生方が平易にご理解いただけるように解説しています。しかし年月も経つと既刊誌の散逸も多く、「何とかまとめておいてくれないか」という要望も多くなってきたところに、おだてる人間も現れて木に登ってしまいました。

本書はウイルス学でも、免疫学でも、疫学でも、はたまた感染症学の専門書ではありません。したがってウイルスの構造だとか、遺伝子の特徴、あるいは免疫担当細胞やサイトカインの分類などは書いてありません。これまで *SAC* 誌に紹介した話を筋にして、それに筋肉や皮膚のような形で補足解説を加えてあります。そしてそれらのほとんどは 1995 年から東京大学と山口大学で行っている獣医伝染病学の講義の際に「余談」で話してきた、教科書には載っていそうもない話です。

従って本書は「学生諸君の副読本」としてだけでなく、すでに動物医療にかかわっている獣医師や獣医看護士の方々にも有用であろうと考えています。さらに、「どんな病気か知りたいのだけれど獣医学の専門書はちょっと」と敬遠されているであろう犬や猫の繁殖、飼育、販売あるいはペットケアの専門家の方々にも、少し難しいところもあろうかとは思いますが、お役に立てれば本望です。

巻頭から順次読まなくても結構です。目次あるいは巻末のキーワード集から興味あるものを選んで、トピックごとに猫読みしてくださることをお勧めいたします。

目　次

第1章

ウイルスはどこからきたのか？

ウイルスは宿主とともに

キーワード：ウイルスの起源

とにかくウイルスは小さく、「地球を成人に見立てた場合、直径 100 nm の平均サイズのウイルスはちょうどマウスくらいの大きさ」です。最近のきわめて高性能なスパイ衛星の地球表面の撮影分解能は人の顔が識別できるそうですが、さらにその数倍の能力がウイルスの識別には必要です。

そのウイルスの起源については諸説あり、なかでも２つの説が有力です。「真核細胞遺伝子飛び出し説」と「細菌退化説」です。前者は細胞遺伝子が細胞を飛び出し細胞外環境で動けるように変化したものがウイルスという説です。例えば、大型の DNA ウイルスであるポックスウイルスの遺伝子の多くが真核細胞の遺伝子に類似しており、比較的、原型に近いウイルスと考えられます。後者は細菌の有する各種細胞機能を不要なものから捨てていって現在のウイルスのようになったという説です。どちらが正しいかということではなく、おそらく現在我々がウイルスとして認識しているそれぞれの種はそれぞれ独自にこのいずれかの方法で、あるいはその他の方法で「進化」を開始したものであろうと考えられます。

このようにウイルスは、もともと独自に代謝をすることで自身の細胞を増殖させ自然界で生きながらえてきたものが、言うなれば、着の身着のまま家出をした子供のようなものです。「ウイルスが増殖する」ということは、今度は出戻り息子が元の親に当たる細胞という家の中にある台所やベッドを貸してくれというようなもので、親からすれば「いまさら都合のいいことばかり言うな」ということになるでしょう。ウイルスは自分にあった「宿主」を見つけ出し、その宿主が進化すればそれに合わせて自身も変化させ、自身が増える場所である宿主をできる限り失うことなく、より快適になるよう、進化してきたものであろうと考えられます。

その好例が犬のジステンパーウイルス、人の麻疹（はしか）ウイルス、そして牛の牛疫ウイルスです。それらはもともとおそらく同じウイルス種が犬、人、牛をある時、おそらくたまたま選択し、宿主である犬、人、牛に合わせて進化してきたものに違いありません。もしかすると、他の動物種も選択されてそれを増殖の場にしていたウイルスがいたのかもしれませんが、運良く生残したのはこの３種なのかもしれないし、あるいは野生動物の中には未知な類似ウイルスが存続しているのかもしれません。

ウイルスによっては特定の動物種だけに親和性を有しているものがあります。例えば猫ヘルペスウイルスです。永い進化の歴史の中で猫という動物種一本できた律儀なウイルスのようで、猫の体内が相当に居心地良いのか、それとも要領が悪いのかは判断できません。

一方、狂犬病ウイルスは温血動物であればコウモリであろうが、犬であろうが、はたまた人であろうが感染するように進化してきました。狂犬病ウイルスは種の存続のために感染動物の中枢神経を冒し、異常行動（凶暴状態）を起こさせ、他の動物に噛みつかせることで唾液中のウイルスを伝播させます。感染動物が異常行動をとるようになると数日内に死亡しますので、その短い間に次の宿主を探さなければならず､動物種を選り好みしている余裕はないようです。

冬になると流行するインフルエンザは、ウイルスが時々、豚という動物の身体の中でスワッピングをして新しい抗原性のウイルスを出現させ、その存在を誇示しているように見えます。カモや人に由来するインフルエンザウイルスが豚に感染しているインフルエンザウイルスと遺伝子を交換しあうわけです。東京のど真ん中ではなく、中国南部のような人と豚とカモが混然と生活しているような牧歌的な環境がなければなりませんが、これも種の存続に必要な自然界の出来事でしょう。

ウイルスの増殖には細胞という工場が必要

キーワード：ウイルスの複製、宿主細胞、ウイルスレセプター、フォーミーウイルス、ポリオーマウイルス

ウイルスは身勝手にも自身が特に必要とするもの以外は身に付けていません。10数年ほど前に、「Virus is a piece of bad news wrapped by some proteins」とかいうウイルス定義がありました。数日間の風邪程度の「悪いニュース」なら我慢できますが、エイズや死亡率の高い重症急性呼吸器症候群（SARS）であったら冗談では済まされません。

この「悪いニュース」がウイルスのゲノムに当たり、ウイルスの設計図といえます。ゲノムはDNAあるいはRNAから構成されており、小さいウイルスでは２、３の遺伝子、大きいものでは数百の遺伝子から成っています。しかしDNAにしてもRNAにしても裸のままでは壊れやすいため、ウイルスはそれらを保護するために蛋白の殻で囲っています。大きなウイルスは豪華絢爛なお屋敷であり、小さなウイルスは田圃の見張り小屋みたいなものです。

余談になりますがこの「ニュース」には今のところ良いものはありません。しかし、良くも悪くもないニュース、すなわち動物や人に感染しても無症状で経過してしまう場合が結構多いのもウイルス感染の特徴でしょう。その中でもフォーミーウイルスのように、生まれた時にはすでに母親からウイルス感染を引き継いでしまうレトロウイルスや、ポリオーマウイルスの一種であるJCウイルスのように、生後間もない頃に感染しその後は持続感染するようなウイルスは、人や動物の集団史の指標として使う試みがなされています。

蛋白の殻は遺伝子の保護だけでなくウイルス種の身分証の役目もしていますし、宿主細胞に入るときには鍵の役目にもなっています。ウイルスによっては細胞に侵入する時に複数の鍵と入口（レセプター）を使っているものもあるようです。いずれにしても、細胞内に入り込んで自らの設計図である遺伝子をやおら取り出し、生産ラインをウイルス製造に切り替えて工場を乗っ取ってしまいます。細菌と違って、ウイルスは細胞の中に入らなければ何も始まりません。これはウイルス病を診断、治療、そして予防する上できわめて基本的なことで、それ故に医学的対処が難しい理由になっています。

ウイルスが身体のどの細胞を好むのかによって発現する病気の型が決まってきます。例えば、猫のヘルペスウイルスやカリシウイルスのように主に呼吸器粘膜細胞に侵入して増殖破壊すればいわゆる「風邪」が、犬や猫のロタウイルスやコロナウイルスは消化器粘膜細胞を好んで襲撃し「下痢」を、狂犬病ウイルスは咬傷部の筋肉細胞で増殖後、時間をかけて神経軸策を上行し中枢神経組織まで到達して脳炎を起こします。ウイルスがどこで増殖するか、言い換えますと、どの細胞がレセプターを有してウイルスの侵入を許容するかで病気の型が決まってきます。逆に、定常とは異なる臓器や器官にウイルスが迷入感染した時は、例えば、消化管だけで増殖するロタウイルスが中枢神経系に侵入して脳炎を起こすなど、病状が重くなることが多いのもウイルス病の怖いところかもしれません。

細菌は細胞外で２分裂増殖し、その時に毒素を産生します。細胞内に侵入する必要がありません。その毒素が外側から細胞に作用することで細胞機能が損なわれ、あるいは直接的に破壊され、破傷風や食中毒、下痢などの病気が起きます。菌種と病型はある程度は関連するようですが、ウイルス病ほど特異的ではありません。

ウイルスは動物種を越えてもやってくる

キーワード：種間伝播、ゾーノーシス、ブルータングウイルス、ハンタウイルス、ロタウイルス、犬パルボウイルス２型

犬にとって、あるいは猫にとって大きな健康上の問題となるウイルスは、やはり同じ犬や猫から伝播してくるのが普通です。しかし、稀に異種動物から伝播することがあり、それを「種間伝播」（interspecies transmission）と呼んでいます（参考文献 1）。本書の中では、犬と猫相互間だけでなく人を含めた他の動物との間のウイルス伝播についても多くのところで触れていますので、そちらもご参照下さい。

これまで犬や猫のウイルスの中で犬と猫間の種間伝播が報告されているのは、コロナウイルス、パルボウイルス、モルビリウイルス（犬ジステンパーウイルスなど）、カリシウイルス、ラブドウイルス（狂犬病ウイルスなど）、ロタウイルス、ヘルペスウイルスなどがあります。発生数は同種感染とは比較にならないほど少なく、臨床的には大きな問題にはなっていません。しかし、そのような稀な事象を学ぶことによって本道が鮮明になることも少なくありません。

我々の検出技術の未熟さによって実際より過小評価している場合もあると思われますのが、感染が限定的で、ウイルス排泄も臨床症状もなく抗体が陽転する場合でしょう。例えば、アフリカで起きている妊娠していない犬や食肉動物のブルータングウイルス感染や米国での犬や猫のハンタウイルス感染例などです。

感染後、抗体陽転とウイルス排泄が起きるものの、臨床症状は免疫不全症など免疫無防備状態の動物で発現する場合があります。この場合は獣医師も異常を察知して詳細な検査が行われる場合もあるでしょう。例えば、猫ヘルペスウイルスや猫カリシウイルスが犬に感染して下痢や舌炎を起こしたり、猫が犬コロナウイルスに感染するような場合です。

感染後、抗体陽転とウイルス排泄が起きるとともに、ハイリスク環境にいる免疫学的な抵抗性がない動物で臨床症状が発現する場合があります。これは時に多くの個体で発生するために容易に気づくことができます。1978 年ごろから犬パルボウイルス２型が世界的に大流行しましたが、その発端になったと考えられるのは「おそらく猫パルボウイルスに由来する変異パルボウイルス」の犬への伝播です。同じような例は野生猫科動物や水棲動物の犬ジステンパーウイルス感染です。

生活環境をほぼ同じくしているために暴露する機会が増えて、犬と猫間で日常的にウイルスが伝播していると考えられるのがロタウイルスです。猫のロタウイルスの一部は人との交流もあるようです。一方、あってはならない伝播には医原性のものがあります。過去に米国内で犬用混合ワクチンに牛血清から混入汚染したと考えられるブルータングウイルスの感染事例があります。

ウイルスが人や動物に感染して病気を起こすには多くの障壁を乗り越える必

要があります。細胞に侵入する際にはレセプターに認識されなくてはなりません。首尾良く侵入できても今度は細胞という工場をうまく動かすことができなければいけません。のんびりしているとマクロファージやインターフェロンなどの先天免疫（自然免疫）により動きが制限され、特異免疫の発動とともに一巻の終わりということになってしまいます。野外でのウイルス感染の多くは気づかないうちに過ぎているのではないでしょうか。

ウイルス種間伝播の恐怖は意外な結末です。それは動物種の持つ蓄積された経験識のようなもので、慣れたウイルスには難なく対処できても、種間伝播で入ってきた見知らぬウイルスにはうまく対応できない場合があるのかもしれません。「君子危うきに近寄らず」でしょうが、見えない相手ですから困ったものです。

参考文献

1）Evermann, J. F. et al., Interspecies virus transmission. *Compendium*, 24: 390-397, 2002.

日本は犬と猫のウイルスパラダイス？

キーワード：犬のウイルス、猫のウイルス、ウイルス性ゾーノーシス、エマージングウイルス、コアウイルス、ノンコアウイルス、ウエストナイルウイルス、アストロウイルス、牛痘ウイルス、犬と猫の飼育頭数、ワクチン接種率

現在、犬を第一宿主とする、即ち、犬のウイルスとみなされるものには、犬ジステンパーウイルス、犬アデノウイルス1型（伝染性肝炎ウイルス）と2型（伝染性喉頭気管炎ウイルス）、犬パルボウイルス1型（犬微小ウイルス）と2型、犬コロナウイルス、犬ロタウイルス、犬ヘルペスウイルス、犬口腔乳頭腫ウイルス、犬カリシウイルスの10種があります。

同様に猫のウイルスとみなされるものには、猫汎白血球減少症ウイルス、猫カリシウイルス、猫ヘルペスウイルス1型、猫白血病ウイルス、猫免疫不全ウイルス、猫フォーミーウイルス、猫コロナウイルス、猫ロタウイルスの8種があります。

多種類の宿主の１つとして犬や猫が感染するものに、狂犬病ウイルス、レオウイルス、オーエスキー病ウイルス（豚ヘルペスウイルス１型)、ボルナ病ウイルスの４種が、他動物種のウイルスが侵出してきているものに猫のポックスウイルス感染症の原因である牛痘ウイルスや雄猫に多い尿石症の原因の１つかもしれない牛ヘルペスウイルス４型類似ウイルス、そしていまひとついわれ因縁が定まらないウイルスとして犬パラインフルエンザウイルス２型があります。

これ以外にも、犬や猫の住環境によっては他の動物から病原ウイルスが広まってくる場合もあります。最近、米国では犬にウエストナイルウイルスや偶蹄獣のブルータングウイルスなどの感染発病例が報告されていますが、疫学的見地からすれば特殊でしょう。人生活環境の大部分を共有していることから、人が感染すると問題になるようなウイルス、例えば、日本脳炎ウイルスやインフルエンザウイルス、エンテロウイルス、ライノウイルス、果てはSARSウイルスまで感染するようです。しかし、犬や猫の健康上の問題にはなっていません。強いてその重要性を論ずるとすれば、人獣共通感染症（ゾーノーシス；ズーノーシスともいう）の観点から人の感染源として公衆衛生上問題視するむきもあるかもしれませんが、猫のトキソプラズマや犬の回虫、キツネのエキノコックスなどとは比較にならないほど些細なことです。

ウイルスと宿主の進化関係は現在進行形ですので、明日、あのSARSのような新しいウイルスが犬や猫に出現（新興あるいはエマージングウイルス）する可能性は否定できません。

小生がこの道に入って僅か30年の間に、犬パルボウイルス２型、猫免疫不全ウイルス、犬と猫のロタウイルスとアストロウイルス、犬カリシウイルスとその類似ウイルスなどが世に出てきています。これらが元々犬や猫のウイルスとして動き回っていたのに、我々に検知する能力がなくて見逃していたのか（猫免疫不全ウイルスや犬カリシウイルス？)、あるいは他の動物種のウイルス遺伝子に少しずつ変異が蓄積し、例えばある時点で初めて犬や猫に感染するようになって顕在化したのか（犬パルボウイルス２型？)、あるいはSARSウイルスで語られているように異種間伝播の結果なのか（猫ロタウイルス？）は不明です。

一方で、20 世紀前半から存在する犬ジステンパーや猫汎白血球減少症は依然として蔓延しています。今でいうウイルス、当時は「濾過性病原体」という微生物概念の出現は牛の口蹄疫ウイルスが発見された 1898 年で、それ以前にはウイルスに関する歴史はありません。一部の先進諸国では、ワクチンの普及や摘発淘汰方式の徹底で犬伝染性肝炎、犬ジステンパー、あるいは猫白血病ウイルス感染症は激減してはいますが、撲滅されてはいません。科学の進歩に合わせるかのように、ウイルス病やその他の感染症は微増している傾向にあります。

もちろん全てのウイルス病が致死的ではありませんから、臨床で全てのウイルスに気をとめる必要はありません。また、現在の科学力からすれば、仮に新しい致死性ウイルスが突然出現したとしても、種が途絶えてしまう前にワクチンを作り出して制圧することはほぼ可能ですので、その心配もいりません。それは 1978 年の犬パルボウイルス２型のアウトブレイクですでに実証されています。

したがって、日常的にはコアウイルス病とみなされる、犬では狂犬病ウイルス、犬ジステンパーウイルス、犬パルボウイルス２型、犬伝染性肝炎ウイルス、猫では猫ヘルペスウイルス、猫カリシウイルス、猫汎白血球減少症ウイルスに対する管理を徹底することが肝要です。

正しい診断とワクチンの皆接種で、かつての狂犬病のように国内からこれらのウイルスを駆逐することは理論上可能です。2003 年 10 月に行われた民間の調査によりますと、犬の飼育頭数は 1113 万 7 千頭、猫は 808 万 7 千頭です。しかし、現在の低いワクチン接種率（推定で犬が 50％、猫が 50％未満）ではコアウイルス病の発生が増えることはあっても、とても減少するような期待は残念ですが持てません。

第2章

ウイルスの捕らえ方

ウイルスハンティング

キーワード：ウイルスハンティング

「ウイルスハンティング」という言葉は、今から20年前の鹿児島大学時代から研究室に備えてあるウイルス検査台帳の簿名として使ってきました。

多くのウイルス学者は、生涯、せいぜい2～3種類のウイルスについて探求することが普通かもしれません。特にこの傾向は人のウイルスを対象としている学者に多いと思います。ウイルス学者である知人の多くが30年以上の研究経歴を持つようになり、「専門はコロナウイルスです」とか、「ロタウイルス病が専門です」と自己紹介できる姿が眩しいと感じる時がないわけでもありません。

しかし、「獣医学」の場合、対象とする「患者」は犬、猫、ウサギ、フェレットなどの「伴侶動物」から牛馬緬山羊、豚、鶏、養殖魚類の「産業家畜」まで、さらには観賞魚やは虫類などの「趣味的生き物」と幅広く存在します。おかしなことですが、獣医学の世界では専門とする動物によって「差別」する傾向があったようです。今ではとても考えられないことですが、「米国では鶏のウイルスを専門とするのは…」というような愚にもつかない話を聞いたこともありますし、日本でも「獣医師は牛や豚などの産業家畜を診るのであって…」などと強いる教官もいました。今でも地方の獣医科系大学ではその傾向が隠然と残っているようですが、最近はさすがに様変わりを感じます。女子学生が半数以上を占めるようになったこともあってか、犬や猫の臨床を目指す学生も増え、さらに専門性を強調する傾向が強まっているのはご存じの通りです。

そのような状況に加えて、「獣医臨床ウイルス学」という看板で仕事をするためには、好みのウイルスだけを研究しているわけにはいきません。これは獣医学も人医学も同様でしょう。犬や猫が下痢をしていればパルボウイルスだけを調べていれば済むものではないことは自明です。本当はウイルス以外の病原微生物にも網を張らなければいけないのですが、さすがに獣医学では経費というネックのためにそこまで日常的には「臨床検査」されません。

通常は、広くウイルスを捕まえるように網を張ります。そして、これまでの学問上の蓄積から想定される病原ウイルスを特異的に検出する方法を併用します。その姿はまさに「ミクロの世界のハンティング」です。何が捕まるか、興奮しない時はありません。しかし、「釣れない時は、魚が考える時間をくれたと思えばよい」（Ernest Hemingway）。

ウイルス病の直接的な診断法

キーワード： ウイルスの分離と同定、病原学的診断、免疫クロマトグラフィー（IC）、遺伝子診断、PCR 法

動物が病気になっています。病気の理由は何も感染だけが原因ではありません。しかし、子犬や子猫が鼻水を出してくしゃみをしていたり、下痢や嘔吐を繰り返し元気がないときには多くの場合、ウイルスや寄生虫の感染が疑われます。特に同じ環境の中で複数の個体が同じ症状を示したり、最近外から新しい友達が加わったり、あるいは未だワクチンを接種していなかったりしている場合は多分にウイルス感染を疑うことができます。

これは事ある毎にお話しすることですが、今の日本は世界でもトップクラスの衛生状態の良い国で、人には危険な感染症は流行していません。2003 年初めの SARS の流行時、日本ではついに患者が発生しませんでした。「神国日本」、「清国日本」などと諸説ありました。しかし、それはあくまでも人社会のことであって、犬や猫の世界は全く異なります。

狂犬病は先達の先輩方のご尽力で 1957 年に根絶しました。しかし、日本は獣医学が進んでいる分だけ他の国より犬と猫のウイルス病が多く発見されています。一方、飼い主の犬や猫に対する考え方には未だに「旧態依然」なところが残っているようで、ワクチンの接種率は欧米に比べると低いのが実情です。

免疫のない幼若齢動物が感染すれば高い死亡率を示す危険性の高い、犬や猫のパルボウイルス、犬アデノウイルス、犬ジステンパーウイルスなどが東京であろうと鹿児島であろうと偏在しています。ちょうど高い死亡率を示すエボラ出血熱ウイルスが流行するアフリカのジャングルに我々が放置されたのと同じような状況に、今の日本の犬や猫が遭っています。予防接種を受けて免疫を持っていなければ一歩も外に出られるような状況ではありません。

ウイルス病の診断には直接的な方法と間接的な方法があります。そして、誰もが一番納得する直接的な方法は視覚に訴える方法です。電子顕微鏡でウイルス粒子を探し出してしまえばよいわけです。しかしこれは「言うは易し」の典型で、誰にでも、いつでも、どこででも、できる手段ではありません。確かにウイルス性下痢症の診断では「ゴールドスタンダード」にはなっていますが、極めて専門的な方法です。

このように、犯人であるウイルスを直接見つけ出す方法を「病原学的診断法」といいます。言うなれば現行犯逮捕といえます。電子顕微鏡観察のようにウイルスを観る場合と、細胞培養や発育鶏卵、実験用小動物を使ってウイルスがそれらの中で増殖した結果、例えば、細胞が死ぬとか、病理学的な形態異常が起きるとか、あるいは動物が死亡するといった変化を検出して間接的にウイルスの存在を認める方法があります。このように、ウイルスを自然界から人工環境に取り出してコントロールできるようにすることを「ウイルスを分離する」といいます。

次に、分離したウイルスは、形態的特徴、構造蛋白の生化学的特徴、遺伝情報を担っているゲノムの分子生物学的特徴などが詳しく調べ上げられ、素性が明らかにされていきます。そして、例えばパルボウイルスらしいということになれば、パルボウイルスとして具備しているであろう抗原性を特異的抗血清やモノクローナル抗体を用いて血清学的に確認します。これらの一連の試験を行うことを「同定する」といいます。これらの血清学的な同定手技には、ウイルス中和試験、血球凝集抑制試験、酵素抗体法、蛍光抗体法などが使われます。

最近では個人開業病院内でウイルス検査をする傾向が日本でも高まってきています。いわゆる市販の「検査キット」です。患者から簡単に採集できる血液、唾液、尿、糞便、あるいは涙などを直接に検査キットの試料スポットに垂らすだけで、早ければ５分で、飼い主に待合室でちょっと待っててもらうだけで結果が得られます。多くは免疫クロマトグラフィー（IC）法で、メンブレン上を検査材料が拡散し、所定の場所で反応が起きれば線やスポットが現れるという方法です。結果が保存できたり、飼い主に説明するのにも便利です。糞便中の犬や猫のパルボウイルス、血液や唾液中の猫白血病ウイルスの検出キットが市販されています。

専門の検査機関での最近の流行は「遺伝子診断」です。目的とする病原体の遺伝子の一部を自動的に増幅し、電気泳動法で分離染色して紫外線下で目的とするサイズのバンドを確認する「PCR法」が一番汎用されています。この方法には改良法が多く存在し、感染症分野だけでなく考古学や犯罪捜査にも応用されていますが、注意すべきは実験室内汚染による偽陽性反応でしょう。極めて微量なDNA(あるいはRNA)を検出可能ですが､それが逆にコンタミネーションの原因にもなっています。特異性を高める工夫が必要です。

犬や猫の感染症関係では簡便なPCRキットは未だ市販されていません。最近になって、人や産業動物の診断試薬として、PCR用プライマーセットや遺伝子抽出用キットなどが市販され始めました。問題はPCR反応を自動的に行う機械（サーモサイクラー）が安くなったといっても高級ノート型パソコンくらいの値段がするということでしょうか。

ウイルス病の間接的な診断法

キーワード：血清学的試験法、組血清、中和試験、抗体の有意上昇、IgM抗体、細胞性免疫検査、ELISpot

ウイルスを分離したり、抗原を検出する病原学的診断を「直接的」とするのに対して、ウイルスが動物体内に侵入することで免疫系が反応した結果生じる抗体などを検出する診断を「間接的」として区別します。いわば犯人であるウイルスの足跡などを見つけ出し、現場の状況（病気の特徴）と併せて最終判定する方法です。条件さえ満たせば短時間内に多数の検体の診断が可能な方法です。

ウイルスの感染性を指標にするのが中和試験で生物学的な意味があります。ただ、時間や手間、設備、さらには熟練した技術を必要としますので、緊急を要する臨床面やフィールドでは歓迎されないことがよくあります。そのために、酵素抗体法（ELISA）や免疫クロマトグラフィー（IC）法などが好まれて使われています。しかし、中和試験とは異なり、これらの試験法で検出された抗体が必ずしも動物のウイルスに対する抵抗力の指標にはなりませんので注意が必要です。例えば、猫伝染性腹膜炎では血液中に多量の抗体が産生され、ELISA抗体価として多くの先生が検査されています。しかし、この抗体価が高くても猫が伝染性腹膜炎に対して強く抵抗しているわけではありません。ただ「コロナウイルスに感染したことがある、あるいは持続感染しているかもしれない」という可能性を示すだけです。

犬ジステンパーや犬や猫のパルボウイルス病のような急性感染症では、血液中の抗体の変動が診断指標として大変に有用です。多くの場合、感染初期には抗体価が低く、発病して回復すると高い抗体価が残ります。例えば、犬の症状からパルボウイルスとジステンパーウイルスが疑われたとします。そこで、パルボウイルスには血球凝集抑制試験法を、犬ジステンパーウイルスには中和試験法を使って、感染初期と回復期の血清の両方（組血清）の抗体価を調べます。その抗体価が４倍以上（有意）に高まっていたウイルスが病原の１つであると「血清学的に診断」できます。

このような定量的血清診断は個人開業獣医師には今のところ難しいので検査センターなどに依頼します。その際注意することは、必ず組血清として、しかも同時に検査するよう依頼することです。同じ試験法でも、検査依頼先が異なったり、同時に実施されないと、正しく診断することができません。これは同じ試験法で得た結果でも依頼先が異なれば同じ土俵上では比較できないということも意味しています。同じサンプルを３つに分けて３か所に検査依頼すると３か所とも異なった判定になることは珍しいことではありません。

ウイルス病によっては一度だけの血清検査で診断が可能な場合があります。

先ほどの犬ジステンパーの場合、病院に連れてこられた感染中の犬の血清中に抗体活性を検出し、それがIgM抗体に依存していることが判れば「症状の発現に犬ジステンパーウイルスが関与している」と診断ができます。これは、感染に伴ってBリンパ球が最初にIgM抗体を、途中からIgG抗体に変更して（クラススイッチ）産生するためで、IgM抗体にあることが確認できればその病原体の侵襲が近い過去にあったことを示します。

猫の免疫不全ウイルス感染症や馬の伝染性貧血などのレンチウイルス感染症では、一時点での定性検査で抗体陽性であれば「ウイルス陽性」すなわち、今、感染していることを意味します。もちろん重大な問題ですから、しばらく時間を空けて、できれば違う血清試験、あるいは病原学的試験で再検査することは言うまでもありません。レンチウイルス感染ほどではありませんが、犬と猫のヘルペスウイルス感染や猫のコロナウイルス感染の場合も、抗体が産生されてもウイルスが体内に存続することが多いので、多くの場合「抗体陽性＝ウイルス陽性」とみなすことができます。

現在、国内で犬や猫のウイルス病血清診断キットとして利用できるのは、猫免疫不全ウイルス抗体検査キットだけですが、国外では猫伝染性腹膜炎ウイルス特異抗体や猫白血病ウイルス抗体検査キット、あるいは犬のジステンパーウイルスやパルボウイルスの抗体定量検査キットなどが販売されています。

一方、ウイルス感染症では宿主の抵抗性指標としての細胞性免疫の測定は臨床では行われていません。猫ヘルペスウイルス、猫コロナウイルス、猫白血病ウイルス、猫免疫不全ウイルス、犬ジステンパーウイルス、狂犬病ウイルスなどの感染症の場合、感染防御や感染回復における細胞性免疫の測定は有用です。最近の1つの動きとして、例えば、未だ研究用試薬で診断には使えませんが、猫のγインターフェロンを分泌する細胞を検出することで、細胞性免疫能の判定が手軽に行えるようになっています（ELISpot, R&D Systems, Inc., Minneapolis, U.S.A.）。

診断に伴う落とし穴

キーワード：ウイルス病診断の基本、ゴールドスタンダード、ELISA、偽陽性、PCR法、診断結果の軽重

せっかく時間と手間とお金をかけて検査したのに、結果に信頼性がなかったりしたら何の役にも立ちません。検査を実施する上で大切なことは少なくとも次の３点に絞られます。

１）用いる試験法の特性を知ること：

自分でするにせよ、専門機関に依頼するにせよ、できることならば相手にお任せではなく、何を調べるのか目的を明確にして、検査法を指定するくらいの知識を持ちましょう。その試験では結果が出るのにどの位の時間を要するのか、特異性はどの位あるのか、信頼性はどの程度か、使用している標的ウイルス抗原は適切か、費用はいくらかかるのか、などなど。できる限り、それぞれの感染症診断の定規となるゴールドスタンダードの方法を選択するのがよいでしょう。

2）試験法にあった臨床材料の採材をすること：

例えば、ELISA で猫白血病ウイルス陽性と判定された猫の確定診断をしようとします。現在、国内では確定診断をしてくれるところは限られていますが、一番簡単で確かなのは、依頼先に問い合わせて先方の条件に合わせることです。「血液なら何でもいいや」と手前勝手に考えて、血液検査の残りを、しかも何時間も室温に放置したものを送っても多くは無駄になります。欧米では、血液塗沫標本中の白血球細胞や血小板中にウイルス抗原を蛍光抗体法で検出するか、ウイルス分離を実施します。例えば、凝固阻止に EDTANa を用いると、その血漿はウイルス分離には使えません。検査に用いる細胞を試験管から剥がしてしまいます。

あるいは、ぎゃんぎゃんと暴れ回る猫を押さえつけ、どうしても採血して猫白血病ウイルスを調べるんだと奮闘し、飼い主から白い眼で見られるよりは、タンポンを猫の口に入れて猫の口を押さえながらしばらく猫と「にらめっこ」をした後、唾液を材料に調べる方がスマートではありませんか？　もしそれで陽性の場合は採血にチャレンジしなければいけませんが。この方法は猫免疫不全ウイルス検査には使えません。

ワクチン接種をした後しばらくは、血清中の抗体検査を非生物学的手法で、例えば ELISA 法で検査しますと、ワクチン成分中に含まれている細胞培養由来成分や抗原作成に用いた実験動物由来抗原に対する抗体も検出して「偽陽性」になることがあります。特に不活化ワクチンを接種した後には注意が必要です

（参考文献 1）。

3）試験結果の意味を正しく解釈できること：

これは簡単ではありませんが、抗体検査であれば、定性なのか、定量なのか、どのような抗体価の動きをしたのか、定性であれば陽性が何を意味して次にどのように対処すべきか、など感染症ごとに違ってきます。

よく引き合いに出されるのが猫コロナウイルス抗体検査です。確かに猫伝染性腹膜炎と病理学的に診断される猫の方が高い抗体価を示す傾向はありますが、抗体が検出されない症例もあります。抗体陽性は猫がコロナウイルスに感染したということを意味しています。

病原学的診断では、例えば、PCR 法、簡単便利ですので急速に広まっています。しかし、この方法は鋭敏が故に「偽陽性」が多いことが欠点になっています。また、仮に PCR 法あるいはその他の遺伝子診断法で特異的に陽性と判断された場合、その検査材料中には目的とするウイルスの遺伝子（の一部）が入っていた証明にはなりますが、ウイルスが入っていたかどうか、しかもそのウイルスが感染力があったかどうかについては定かではありません。

最近、マスコミによく登場する非細菌性食中毒の原因であるカリシウイルス、培養が困難なために遺伝子診断が常用されています。仮に PCR 法で陽性であっても、もし食中毒の原因と目される料理が十分に加熱してあれば、ウイルスは死滅しているためにその料理を食べても食中毒にはなりません。でも通常の PCR 法では陽性となり犯人扱いされるはめになります（参考文献 2）。

したがって、検査法によってその検査結果に軽重があることも理解しておく必要があります。病原体の遺伝子検出より蛋白検出の方が、蛋白抗原検出よりウイルス粒子の観察の方が、そしてそれよりもウイルスを細胞培養法などで分離する方が、さらに信頼できる結果が得られることはいうまでもありません。できるならば、信頼性上位の試験法による確認が望まれます。特に人や動物の生命に関わるのであればなおさらでしょう。

参考文献

1）Barlough, J. E. et al., Role of recent vaccination in production of false-positive coronavirus antibody titers in cats. *J. Clin. Microbiol.*, 19: 442-445, 1984.
2）Nuanualsuwan, S. et al., Pretreatment to avoid positive RT-PCR results with inactivated viruses. *J. Virol. Methods*, 104: 217-225, 2002.

第3章

ウイルスとの戦い方

パルボウイルスは汚染飼育ケージから感染する

キーワード：猫汎白血球減少症ウイルス、犬パルボウイルス２型、ウイルスの抵抗力

ウイルスは細菌とは異なり、宿主細胞の外では全くといってよいほど無抵抗です。細菌や原虫などとは比べものにならないほど各種の消毒薬に対して速やかに不活化されてしまいます。紫外線や熱にも弱いために、感染動物から排泄されると多くのウイルスの命は数時間でしょう。そのために、できる限り早く次の標的細胞に取り付く必要があります。

しかし、なかには例外的なウイルスもあります。小さくて球形のウイルス、粒子の周囲に脂質を主成分とする膜（エンベロープ）を持っていないウイルスは比較して環境での生残期間が長く、次の「獲物」を待つ余裕があります。その典型はパルボウイルスでしょう。真夏の35℃前後の気温下で数か月間も感染性を保持します。

パルボウイルスに感染した犬や猫を入院させておいたケージは糞や尿、あるいは嘔吐物で汚れています。これを水洗いして通常の家庭用消毒薬で消毒しても完全ではありません。そこにパルボウイルスに対する免疫のない感受性の子犬や子猫を入れると、「ケージから感染」します。

理論的に、パルボウイルスに感染発病している急性期の犬の糞便、成人の親指位の量の中には世界中の犬を殺すほどのウイルスが含まれているといわれています。感染力が強いためになおさら危険です。

ある家庭で飼われていた猫群に獣医師が明らかにパルボウイルス病と考えられる伝染病が発生しました。しかし、そこでは長い期間そのような病気は起きたこともなく、外から新しい猫も導入していません。「新しい伝染病かもしれない」ということで調べましたところ、典型的なパルボウイルスが検出されました。感染源はどこだろうかと、飼い主に事情を聞きました。そこで判明したのは、飼い主は当然ながら猫好きですので外出時によその猫に触れ、帰宅後よく手を洗わないまま自分の猫の世話をした結果、飼い主の手や衣服に付着していたと考えられるパルボウイルスに感染したかもしれないという可能性が浮かび上がりました。しかも飼い主は、自身の猫は他の猫と接触しないので（クローズドコロニー）安全だろうと、ワクチンは最初に接種したまま、その後いつ追加免疫したのか不明なほど時間が経過していました。これと同じような事例は動物園に飼われているライオンなどの猫科動物でも時々起きるようです（参考文献 1）。かわいい盛りのライオンなどの子供を入園者に触れさせてサービスする時は触られる動物の方に危険が増します。

このパルボウイルスの場合はむしろ特殊かもしれませんが、病原体は降ったり湧いたりしてくるものではありません。必ず近くに病原体保有動物（レゼルボア）がいたり、汚染物があります。それを早く見つけ出して除去することが肝要です。確かに「伝染病の予防にはワクチン接種」と考えることには間違いはありませんが、やはり基本は衛生管理です。外出から戻ったら「うがいと手洗い」は何よりも効果的です。

参考文献

1）Mochizuki, M. et al., Antigenic and genomic characteristics of parvovirus isolated from a lion (*Panthera leo*) that died of feline panleukopenia. *J. Zoo & Wildlife Med.,* 27: 416-420, 1996.

感染の危険性がある時はワクチン接種

キーワード：ワクチン、コアウイルス

生活環境内に病原体が存在しないのであればワクチンを接種する必要はありません。日本国内で生活している我々は黄熱病ウイルスのワクチンを接種しません。黄熱病が流行している地域に仕事で出かける場合にはワクチン接種が勧奨されます。近い将来、人のエイズウイルス予防用ワクチンが現実のものになっても、自身にその危険性がないのであれば接種しないのが当然です。仮に医師が理由もなくワクチンを勧めたとしたら不愉快になりませんか？

すでに話しましたが、現在の日本国内の犬と猫は、狂犬病以外のありとあらゆるウイルス病に罹患する危険性があります。したがって、外に出ることがある動物、家の中に居っぱなしだけれども外から友達が入ってきて接触する動物にはワクチン接種が不可欠です。

入手できるワクチンを全部接種する必要はありません。感染すると重篤になり死亡する危険性が高い感染症、感染しても治療することで死亡することは少ないものの病原体を排泄して周囲に迷惑になる感染症、人にも危害を及ぼす公衆衛生上重要な感染症、これらの「コア」ウイルスに対するコアワクチンの接種は犬や猫の飼い主のマナーです。

犬では犬ジステンパー、犬パルボウイルス病、犬伝染性肝炎、そして狂犬病、猫では猫カリシウイルス病、伝染性鼻気管炎と汎白血球減少症がコアウイルス病です。それ以外のノンコアワクチンも利用可能です。犬や猫の生活スタイルに合わせてお近くの動物病院にご相談下さい。親切なアドバイスが受けられます。

日本独特のワクチンの数え方

キーワード：多価混合ワクチン、ワクチンフラクション

ワクチンに含まれる抗原の１つ１つをフラクションと呼びます。大学で講義をしているとよくある質問に、「5 種混合ワクチンというのに 4 種類しか入っ

ていません」というのがあります。「この場合はワクチンに含まれているフラクションの数ではなく、防御が期待できる感染症の種類の数です。犬の５種混合ワクチンには犬ジステンパーウイルス、犬パルボウイルス２型、犬アデノウイルス２型、犬パラインフルエンザウイルス２型の４種類が入っていて、犬アデノウイルス２型が犬伝染性肝炎と伝染性喉頭気管炎の臨床的に異なる２種類の病気を防ぐから５種混合ワクチンといっています」

これで終わればよいのですが、なかには「それでは犬の７種混合ワクチンはどうなんですか？　その５種に血清型が違う２種類のレプトスピラバクテリンが入って７種でしょ？　確か、レプトスピラ・カニコーラとレプトスピラ・イクテロヘモレージアが」追いかけるように、「先生のさっきのご講義ですと、レプトスピラ症は感染する血清型によって多少は病気の特徴が違うようですが、犬アデノウイルスみたいに、それは臨床的に違う病気といってもよいのでしょうか？」「う」これにはまいりますね。

「同じように猫でも最近は６種とか７種ワクチンがありますが、そっちはどうなんですか？　それっておかしくありません？」「うーん…、ワクチンフラクションと病名の混合ワクチンです！」

最近のワクチンは効力アップ

キーワード：犬のワクチン、猫のワクチン、バクテリン、サブユニットワクチン、免疫持続期間（DOI）、ワクチン接種プロトコール、ワクチン初回処置

現在国内では、犬の感染症予防用として、前述の４種類に加えて、狂犬病ウイルス、犬コロナウイルス、レプトスピラの血清型が異なる３種類のバクテリンの計９種類の「抗原」が単味あるいは各種混合ワクチンとして販売されています。狂犬病ウイルスだけが「狂犬病予防法」により国内の全ての犬に毎年接種することが義務付けられています。何人たりとも国内で犬を飼育するためには狂犬病ワクチンを接種し、保健所に届け出を行い、飼育鑑札を得なければいけません。

「バクテリン」というのは細菌を不活化した物質で、細菌成分のうち感染防御抗原が不明な時、細菌体全てを含む形で不活化したものをいいます。もし、

細菌やウイルスの構成蛋白などのうち、免疫誘導に重要な成分だけを抽出したり、遺伝子組換え技術で作成した場合には「サブユニット」ワクチンと呼んでいます。

猫では、やはり前述のコアワクチン３種類に加えて、猫白血病ウイルス、猫クラミジアバクテリン（クラミドフィラ・フェリス *Chlamydophila felis*）の５種類の抗原がワクチンになっています。日本では猫への狂犬病ワクチンの接種は義務ではありません。

欧米ではさらに、猫免疫不全ウイルス、ジアルジア（ランブル鞭毛虫 *Giardia lamblia*）、気管支敗血症菌（ボルデテラ・ブロンフィセプチカ *Bordetella bronchiseptica*）、皮膚糸状菌症（マイクロスポラム・キャニス *Microsporum canis*）、ライムボレリア症（ボレリア・ブルグドルフェリ *Borrelia burgdorferi*）などの不活化、生、あるいは組換えサブユニットワクチンが臨床応用されています。加えて最近では、カナリア痘ポックスウイルスを使った組換え狂犬病、犬ジステンパー、パルボウイルス、猫白血病ウイルスワクチンも認可されています。

ワクチンの形体は昔と同様に生と不活化が主流ですが、ワクチン株の選択や弱毒順化方法の改良、抗原量の増加、添加アジュバントの工夫などが進んで効力が高くかつ長期間続くようになっています。このワクチンの効力の持続する期間のことを「免疫持続期間 duration of immunity：DOI」といいます。これが長いほど、追加ワクチン接種の間隔が広まって、動物と飼い主の負担が軽減されます。

ワクチン接種プロトコールには、モデルはあっても絶対的なものはありません。もし獣医師に、母親からの移行免疫抗体が無効になる時期が個体ごとにピンポイントで判るようになれば、子犬と子猫ともに、生ワクチンは１回、不活化ワクチンは２回の接種で初回の予防処置は完了です。しかし、それは今のところ難しいことから、移行免疫が多少残っているうちから何回か接種をくり返す必要があります。そして、病原ウイルスは遍在していますから、その１年後に追加接種します。今のところはここまでを「初回処置」と考えています。２年目以降の追加免疫は、犬や猫の生活環境や生活様式をもとにその危険性を獣医師に評価してもらって決めます。

ワクチンによる感染症対策の基本は、コアウイルス病に対する予防接種を全ての個体に実施し集団免疫を作り感染源をなくすことです。仮に、初回処置が完了してその後しばらくはウイルスに暴露しても感染も発病もしないとします。しかし、さらに時間が経過すると、発病はしないもののウイルスは身体の中で増殖し排泄する無症候感染をとるような不完全な免疫に減弱してきます。このような個体は集団からみた場合一番危険な存在になります。なぜならば、ワクチンが接種されてあって、実際病気にもなっていないという事実故に、誰も気にとめないうちに病原体がばらまかれる危険性があるからです。現在、犬ジステンパーと同じ仲間の人のはしか（麻疹）でワクチンを接種しなくなった成人の無症状感染が問題になっていると聞いています。

コアウイルス以外のウイルス病や感染症に対しては必要に応じてワクチンを接種するのがよいでしょう。その判断も獣医師の先生がして下さるはずです。ワクチン接種によって受ける「恩恵」と、接種しなかった場合に被る「危険」を客観的に判断します。それには飼い主から獣医師に情報が渡らなければなりません。個体によって条件はバラバラですから一色単に論ずることはできません。

ワクチンの恩恵と危険性

キーワード：ワクチンの副反応、局所投与型ワクチン、ワクチン接種部位肉腫、I型アレルギー、アナフィラキシー反応、マスト細胞、エピネフリン

呼吸器や消化器系の粘膜に感染して病気を起こすようなウイルスや病原体に対して、ワクチンを筋肉内や皮下に接種（異所接種）しているうちはそう高い有効性は望めません。やはりそのような病原体に対しては、生ワクチンによる自然感染経路免疫が適当でしょう。そのような生ワクチンは、例えば、弱毒化した猫ヘルペスウイルスや猫カリシウイルスを少量鼻腔に垂らし鼻粘膜細胞で増殖させ、粘膜免疫系を強く刺激するように設計されています。結果として、粘膜細胞が一部破壊されますので軽く発病することがあります。すでに臨床応用されている米国ではそれがどうも獣医師や飼い主には不評のようです。しかし、今後のワクチンの方向を示す一例でしょう。

「ワクチンは効いてなんぼ」の物ですが、「安全であること」はいうまでもありません。ここでいう安全とはワクチンによる発病が無いことです。生ワクチンには常にその危険性が伴います。一方、接種部位が腫れて痛い、熱がある、気分が悪いなどの副反応は無いに越したことはありませんが、「異物」を注射器で体内に注入するわけですから当然何らかの反応が出てきます。生ワクチンでは軽く感染させるわけですし、不活化ワクチンでは接種局所に免疫細胞を集結させ炎症を起こさせるのが目的です。多くの場合は短期間に消散します。

しかし、なかには硬結として数週間も残存する場合があります。その場合は獣医師に相談しなければいけません。時にそれが腫瘍化することが猫で稀にあります。いわゆる「ワクチン接種部位肉腫 vaccine-site sarcoma」と呼ばれているもので、1990 年代の米国で猫に狂犬病の不活化ワクチンを接種するようになって、そしてちょうどその頃に猫白血病ウイルス不活化ワクチンの応用が一般化されたこともあって臨床的に顕在化しました。大体、1,000 ～ 10,000 ドーズに 1 例位の頻度で発生しているようです。原因は究明中ですが、アルミニウムゲルをアジュバントにしたワクチンで多発するとか、ワクチンに無関係に発生するとか、注射が原因とか、各種推察はされていますが未だ闇の中です。同じような反応は、その頻度は低いのですが犬にも発生しています。そして、その腫瘍の病理学的特徴は猫のそれと同じようですが、アルミニウムゲルアジュバントの関与が疑われています（参考文献 1）。

それでは、狂犬病や猫白血病ウイルスワクチンの接種は止めますか？　コアワクチンである猫３種混合ワクチンでも発生することがありますが、ワクチン接種は取り止めますか？　狂犬病ワクチンの猫への接種は、現在我が国ではルーチンとして実施していませんので、猫白血病ウイルスワクチンに絞ってみましょう。もし、例えばその猫が外に出る猫であったら毎年 1 回のワクチン接種を推奨します。明らかにワクチンによる恩恵の方が優っているからに他なりません。抗体陽性であればその必要はありません。

ワクチン接種に伴ってもう 1 つ危惧されるのは「アナフィラキシー反応」です。身体に取り込んだ抗原に特異的に産生された IgE 抗体が関与するものをいいます。IgE 抗体が関与しないものは「アナフィラキシー様反応」として区別されます。アナフィラキシーには前感作が必要です。以前に身体に取り込まれた異物に対して本来は望まれない IgE 抗体が局所で産生されることがあります。局所で IgE 抗体分子の Fc 部分を介してマスト（肥満）細胞に接着して細胞を感作すると同時に、血流に出て好塩基球や他の組織のマスト細胞に結合します。遊離した IgE 抗体の半減期は数日ですが、マスト細胞に結合すると数か月も感作状態が続きます。次に同じ異物に遭遇した時、その異物が前感作されているマスト細胞の IgE 抗体に結合して急激に反応が起こります。

マスト細胞内のカルシウムイオンが増加する結果、細胞内のヒスタミンやセロトニン、その他の伝達物質が放出され、プロスタグランジンやロイコトリエンなどが合成され、臨床的アレルギーが発現されてきます。局所的には蕁麻疹や浮腫が特徴です。全身性のアナフィラキシーはショック状態に陥るので最悪の場合は死亡します。急速に循環系と呼吸器系の虚脱が起き、腹腔臓器の鬱血、血圧低下、痙攣、嘔吐、下痢、気道粘膜浮腫や肺出血などが発現されます。

呼吸器系の虚脱に対する処置は急を要し、気道の確保は一刻一秒を争う最重要課題です。エピネフリンの投与と乳酸リンゲル輸液により、アナフィラキシーショックから回復させるのを優先させます。そして、それらの補助としてコルチコステロイド（リン酸デキサメサゾンナトリウム、コハク酸プレドニゾロンナトリウム）や抗ヒスタミン製剤（塩酸ジフェンヒドラミン）を用います。

ワクチンの成分全てが異物にほかなりません。特にその中に含まれている牛血清由来蛋白が原因になっていることが多いことは昔から判っています。なぜ牛血清成分が混入しているのかといいますと、多くの場合、ウイルスを増殖させるのに細胞培養法を用いていますが、その細胞の培養に牛血清を用います。最近では「狂牛病」プリオンの汚染の危険性から、人用でも動物用でも牛血清を用いない試みがなされています。最終ワクチン原料から牛血清成分を取り除くにしても、無血清培地で細胞を培養してウイルスを増殖させるにしても、問題はワクチンの価格を押し上げてしまうことでしょう。

生まれて初めてワクチンを接種しても同じような反応が出てくる場合もあります。IgE 抗体が関与する真正のアナフィラキシーであれば前感作が不可欠ですが、一体いつ感作されるのでしょうか。人では稀に食物による経口感作があるようです。加えて IgE 抗体が関与しなくても、特定の化学物質や活性化した補体成分（アナフィラトキシン：C5a、C3a、C4a）により、マスト細胞からヒスタミンなどの脱顆粒現象が起きてアナフィラキシー様の症状が出ることもありますので、問題は簡単ではないかもしれません。

いずれにしても、獣医師はワクチンという異物を動物に接種することは危険が伴う医療行為であるということを忘れて欲しくないものです。飼い主に対する十分な説明のみならず、接種前の健康チェック、ワクチン接種必要性の評価とそれに基づくワクチンプロトコールの作成、起きるかもしれない副反応に対する準備などを怠らないようお願い致します。

参考文献

1）Vascellari, M. et al., Fibrosarcomas at presumed sites of injection in dogs: Characteristics and comparison with non-vaccination site fibrosarcomas and feline post-vaccinal fibrosarcomas. *J. Vet. Med. A,* 50: 286-291, 2003

狂犬病は右、白血病は左

キーワード：猫のワクチン、ワクチン初回処置、ワクチン接種部位肉腫、狂犬病ワクチン、猫白血病ウイルスワクチン、猫のワクチン接種の部位

日本の獣医学者によってウサギの耳にコールタールを塗り続けるとガンが発生したことが初めて報告されたのははるか昔、今では、多くの人が身体の一か所に継続的に刺激を与えるとガンが発生する危険性が増すことは知っています。

犬や猫の予防接種において、接種適期をピンポイントに見きわめることがルーチンにはできないため、たとえどんなに清潔に他の個体と接触しないように飼育されている子犬や子猫でも、初回処置にはコアウイルスの混合ワクチンを２回接種しないと安心ではありません。そして、1歳の誕生日前後（1年後）に追加接種を行います。

犬と猫の予防接種に関する米国獣医学協会の最新の報告書によれば、この後のコアワクチン追加接種は犬も猫も1年以上の間隔を空けるように勧奨されています（参考文献1）。これは最近のワクチンが優秀になってきたと同時に、ワクチンによる免疫の持続期間について科学的証拠がそろい始めて、予防接種という「異物を体内に入れる」ことに伴う危険をできるだけ回避するためには、

不必要に行わないという考えが支持され始めていることを示しています。

ワクチン接種プロトコールは個々の動物の生活スタイルに合わせて作るべきものです。したがって、半年毎に来院してワクチンを接種する犬も出てきます。一方、室内で単独飼育されている猫であれば、前に接種したのが何年前なのか記録をみないと判らないという例もあるでしょう。しかしおしなべて、動物病院で「注射」として一番多い機会はワクチンでしょう。だからという訳ではありませんが、猫ではワクチン接種をした部位の近くに腫脹硬結が残り、その後肉腫に変化することがたまに観られます。6 週間以上残存する場合は要注意で獣医師に相談しなければいけません。これを「ワクチン接種部位肉腫」ということはご存じの通りです。しかし、注射液の成分には無関係の場合もあることから、特に猫の場合は、いつ、どこで、何を、どの位、どこに注射したかを克明に記録することが求められています。

そして、万が一、肉腫が発生した時にはそれを外科的に切除しやすいように、発生するかどうかも判らないのですが、注射の場所を分散させようという勧奨が米国猫臨床医協会と猫内科学専門委員会からなされています（参考文献 2）。特に、肉腫発生頻度が高いといわれている狂犬病ウイルスと猫白血病ウイルスの不活化ワクチンは同じ部位に接種しないようにしています：狂犬病は rabies ですから right の右側後肢、白血病は leukemia ですから left の左側後肢。

コアワクチン±クラミジアは右肩、その他の筋肉内接種は右後肢以外の部位、その他の皮下接種は体側あるいは左肩、肩甲骨内と背部中心線部分は禁忌です。いずれもできるだけ末梢部がよいとされています。日本では猫の狂犬病ワクチンは一般には接種されませんので、接種部位の選択には余裕があります。

この注射部位に関する勧奨は実用的でないこと、およびこの勧奨を支持する科学的データがないという理由から、英国の獣医医薬品委員会は是認していません（参考文献 3）。

参考文献

1）Klingborg, D. J. et al., AVMA Council on biologic and therapeutic agents' report on cat and dog vaccines. *J. Am. Vet. Med. Assoc.*, 221: 1401-1407, 2002.
2）Elston, T. et al., Report of the American Association of Feline Practitioners and Academy of Feline Medicine Advisory Panel on Feline Vaccines. *J. Am. Vet. Med.*

Assoc., 212: 227-241, 1998.
3) The Committee for Veterinary Medicinal Products advice on injection-site fibrosarcomas in cats. www.emea.eu.int

犬と猫のウイルス病ワクチンの改良と新しいワクチン

キーワード：犬のワクチン、猫のワクチン、異所接種ワクチン、新しいワクチン、抗体依存性増強（ADE）、組換えベクターワクチン

ワクチンによって作り出される免疫には、液性と細胞性の２つがあります。生ワクチンは通常両方の免疫を誘導すると考えられますが、不活化ワクチンはアジュバントに工夫がなされていませんと多くは液性免疫が誘導されます。一方、ワクチン開発戦略として、ウイルス病の発病機序の解明とそれに合った防御ラインの策定が必要です。病原体がどこから侵入してどのように標的細胞に到達し発病するか、詳細な検討が必要です。

例えば、猫ヘルペスウイルス、猫カリシウイルス、犬パラインフルエンザウイルス２型、犬や猫の気管支敗血症菌などによる呼吸器病、猫や犬のコロナウイルスやロタウイルスなどによる下痢症の予防には、粘膜免疫誘導型のワクチンでないとより高い有効性は望めません。現在国内ではこれらの感染症に対して、生あるいは不活化ワクチンが用いられています。しかし、本来の標的組織ではないところにワクチンを接種して免疫を誘導していますので（異所接種ワクチン免疫）、残念ながら効力は十分とはいえません。

全身感染や体内の特定の細胞集団に感染するウイルス病には液性免疫だけでなく、感染細胞を直接攻撃する特異的Ｔリンパ球による細胞性免疫の誘導もワクチンの有効性を高めるうえで不可欠です。特に犬のコアウイルス病である犬ジステンパー、犬パルボウイルス病、犬伝染性肝炎の予防には不活化ワクチンでは効力不十分なために、現在では生ワクチンが使われています。

一方、猫白血病ウイルス、猫免疫不全ウイルス、猫伝染性腹膜炎（FIP）コロナウイルスでは、特に細胞性免疫誘導型のワクチンが望まれています。しかし、猫白血病ウイルスと猫免疫不全ウイルスのレトロウイルス感染症に対しては、生ウイルスワクチンの安全性に対する危惧から、現在のところは不活化ウ

イルスワクチンが使用されています。アジュバントの工夫などにより、何とかワクチンとしての体裁を保てる程度には有効性が得られていますが、改良が強く望まれています。

FIP の場合、致死性の腹膜炎の発症にはコロナウイルスの体内における病原性の変異や、ウイルスに対して動物が産生した抗体が逆にウイルスの病原性を増強する（抗体依存性増強 antibody dependent enhancement：ADE）などのために、これまで多くの試作ワクチンが検討されましたが満足いくものはできていません。欧米では経鼻投与用温度感受性変異株弱毒化ワクチンが市場に投入されていますが、獣医師の支持は十分には得られていません。

過去 10 数年の間にいわゆる組換え DNA 技術を応用して「新しいワクチン」の研究開発が精力的になされてきました。組換えベクターワクチンや遺伝子（DNA）ワクチンなどが 21 世紀のワクチンとして期待されています。獣医学領域では人医学に先駆けて組換えベクターワクチン（カナリア痘ポックスウイルスベクターワクチン）が臨床応用されています。今後もこれらのワクチンへの期待は、特にこれまでワクチン開発が難しかった感染症に対して高まるものと思われます。しかし、安全性や経済性などの面で乗り越えなければいけない障壁は残されています。

ウイルス病の治療薬

キーワード：抗ウイルス薬、インターフェロン、インターキャット、サイトカイン

細菌感染症には抗生物質という特効薬がありますが、効力や価格などでそれらに匹敵するような抗ウイルス薬はありません。これまでいくつかの抗ウイルス薬が人の治療用に認可されています。

有名なところでは、人ヘルペスウイルス性眼炎の IUDR 入りの軟膏や目薬、人エイズ治療用の AZT などはご存じの方も多いと思います。近いところでは SARS のための治療薬を大手人体用医薬品メーカーがしのぎを削って開発しているというニュースをお聞きになっているでしょう。ウイルスが細胞内で増殖（複製）する時に使う蛋白分解酵素を阻害してウイルスの増殖を抑えようとか。

ウイルスを体外で殺すには消毒薬で可能です。抵抗性の強いパルボウイルス

でも塩素やホルマリンにはかないません。体内でも細胞外にある時は抗体が結合して中和され排除されます。問題は感染細胞の排除です。多くの抗ウイルス薬候補が見つかっていても、効力が期待できる濃度では宿主細胞の機能を損ねたり殺してしまい、役に立たない場合がほとんどなのです。ウイルスとの本当の戦いの主戦場は細胞の中なのです。

猫組換え型インターフェロン製剤（商品名インターキャット、東レ株式会社製造、共立製薬株式会社販売）は世界で初めてカイコで作成した組換え型インターフェロン製剤であると同時に、動物専用のインターフェロン製剤として約10年ほど前に世に出ました。使用されている獣医師も多いかと思います。現在は国内だけではなくEU諸国などでも使われ始めました。日本では、猫カリシウイルス感染による呼吸器病と犬パルボウイルス2型感染症の治療薬です。国外では犬パルボウイルス2型の治療薬として認可されています。

インターフェロンはウイルス種には関係なく、まだ感染していない細胞をウイルスに感染させないようにしてウイルスの広がりを防ぐための「サイトカイン」の1つです。人のウイルス性肝炎の治療薬としてもインターフェロンが使われているのはご存じの通りです。しかし、ウイルスの型や宿主細胞側の理由から効力にバラツキがでるのもサイトカイン療法の特徴といえないこともありません。このようなサイトカインの類い、特に免疫系細胞をコントロールするIL12やIL18、あるいは各種細胞増殖因子、を感染症の予防・治療に用いようとするのも最近のトレンドの1つですが、サイトカインネットワークの微妙なバランスなどから、安全かつ有効な医薬品として成熟させるのは容易ではないようです。

ワクチンは病原体と同じ感染経路で使うと効果的

キーワード：ワクチン接種経路、局所投与型ワクチン、粘膜免疫、ロタウイルス、ウイルス性エンテロトキシン、非構造蛋白、細胞内ウイルス中和、異型免疫

初期のウイルス病予防ワクチンは感染性を消失させる中和抗体を血中に産生させる目的の不活化ワクチンで、多くの急性感染症の予防に有効でした。その後、細胞傷害性Tリンパ球を中心とした免疫系細胞も動員できる、より有効

性の高い弱毒化生ワクチンが多用されるようになりました。現在は、安全性と有効性のバランスを考慮して不活化あるいは弱毒化生ワクチンが疾病ごとに使い分けられています。

最近はより理論的かつ斬新なワクチンの開発ばかりでなく、個々の感染症のpathogenesis（寄生体の侵入経路、標的組織、発症機序、回復機序など）が理解されつつあります。これまでのように、病因論を考慮せずに画一的にワクチンを非経口投与していた古典的な予防法の是非が問われ始めています。病因論に合わせたワクチン形態、投与経路、免疫プログラムを設定することで、より安全で有効な予防法が確立されます。

なかでも最近注目されているのは局所粘膜感染免疫法の開発です。例えば、猫ヘルペスウイルスや猫カリシウイルスによる呼吸器病は、上部気道の局所感染症であることから、侵入門戸の鼻道あるいは標的である気道粘膜面で局所産生の分泌型IgA中和抗体により撃退した方が理にかなっています。しかし、現在は弱毒化生あるいは不活化ウイルスを異所（筋肉または皮下）接種しています。防御も不完全であることが多く、血液中の中和抗体（主にIgG抗体）は宿主の抵抗性の正確な指標とはなっていません。

局所または全身感染あるいは病型に関係なく、多くの感染症の病原体の侵入門戸は鼻、口、眼、腸管、生殖器の粘膜であることから、これら粘膜面で感染防御法を構築する方がより理論的であることは自明です。比較的体表に近い粘膜面であれば、免疫用抗原を粘膜免疫応答を担当しているリンパ組織である粘膜付属リンパ組織（mucosa-associated lymphoid tissue：MALT）に容易にデリバリー（配達）することができますが、例えば腸管粘膜面のMALTである腸管関連リンパ組織（gut-associated lymphoid tissue：GALT）に抗原を変質させずに十分量デリバリーすることは簡単ではありません。この領域は粘膜免疫学（mucosal immunology）のホットな研究対象になっています。粘膜感染とその防御に関する典型例を紹介いたします。

人と動物のウイルス性下痢症の代表であるロタウイルス感染症は経口的に侵入したウイルスが消化管を下行し、小腸粘膜絨毛突起先端部の細胞に感染、細胞が破壊され、正常な消化・吸収が損なわれて下痢が起きる局所感染症です。これまではウイルス感染、それに引き続く細胞の破壊という直接的な影響が下痢の発現機序と考えられてきましたが、最近、ウイルスに感染しなくてもロタウイルス性の下痢が起きることが示されました（参考文献 1）。

本論文にはロタウイルスの非構造蛋白（ウイルス粒子には含まれない蛋白）である「NSP4」が小腸粘膜細胞のレセプターに結合することで下痢が発現し、加齢に伴ってロタウイルス性下痢症の頻度が減少するのは「エンテロトキシン」である NSP4 に対するレセプター数の減少に起因するという考察です。このエンテロトキシン活性は NSP4 分子のカルボキシ末端側の 114 ～ 135 アミノ酸残基部位に存在します。

ところで、ロタウイルス感染症ではもう 1 つ注目すべき研究報告があります。*in vitro* の研究から、ロタウイルスは粒子表在の VP4 と VP7 によってそれぞれ P 血清型と G 血清型が規定され、前者には約 20 種類、後者には 14 種類の対立遺伝子が存在することが判り、ワクチン開発戦略もこれら多様な中和血清型を満たす方向で進められています。

しかし、*in vivo* の標的器官の腸粘膜では全く異なる中和免疫メカニズムによっているらしいことが発表されました（参考文献 2）。これまで *in vitro* では中和とは無関係とされていたウイルス内部抗原 VP6 に対する中和活性のない分泌型 IgA 抗体が粘膜上皮細胞内を通過中にウイルスを中和しているという考察です。VP6 に対する同じ IgA 抗体や VP4 に対する中和活性のある IgA 抗体を腸管内に投与しても効果ありません。このような「細胞内ウイルス中和」機序はロタウイルスの標的組織である腸管粘膜を直接に免疫（経口免疫）しなければ得ることはできませんし、G あるいは P 血清型の異なるウイルスに対しても有効です（異型免疫）。

これらの成果は、明らかにこれまでの画一的なワクチン戦略に見直しを迫り、新たなワクチン開発の方向を示すもので、改めて基礎研究の重要性を認識させてくれました。（*SAC* 誌 第 107 号、1997 年 6 月）

参考文献

1） Ball, J. M. et al., Age-dependent diarrhea induced by a rotaviral nonstructural glycoprotein. *Science*, 272: 101-104, 1996.
2） Burns, J. W. et al., Protective effect of rotavirus VP6-specific IgA monoclonal antibodies that lack neutralization activity. *Science*, 272: 104-107, 1996.

次世代ワクチンの代表格は遺伝子ワクチン

キーワード：遺伝子ワクチン、DNA ワクチン、核酸ワクチン、主要組織適合複合体（MHC）、プラスミド DNA、内因性抗原、外因性抗原

臨床獣医師からの質問が増えてきました「DNA ワクチン」について説明します。その前に、犬と猫のウイルス病における感染防御・回復機序に関与している主要免疫メカニズムを簡単に整理してみます。

血液中の抗体（液性免疫）が重要と考えられているものにはパルボウイルスがあります。これらは血液中の中和抗体量が感染防御能とよく相関しており、不活化ウイルスを非経口投与することで容易に免疫を得ることができます。免疫原が特定できればそれだけを用いることができますが（サブユニットワクチン）、全ウイルス不活化抗原の方がより多種類の抗ウイルス抗体が産生されてウイルス中和以外の抗原抗体反応でウイルスの広がりを防ぐことも期待できます。

局所産生抗体が重要なのは猫カリシウイルス、猫ヘルペスウイルス、犬パラインフルエンザウイルス２型、犬コロナウイルス、ロタウイルスなどの気道や腸管の感染症です。粘膜免疫の誘導が大切ですので、生ウイルスワクチンの経鼻・経口投与、すなわち自然感染経路での免疫が望ましいことになります。しかし、現行ではほとんどの場合、生あるいは不活化ウイルスワクチンを非経口投与しているために、得られる免疫は完全とはいえません。

抗体ばかりでなく細胞傷害活性 T 細胞（キラー細胞）による細胞性免疫が必要と考えられるものは、猫コロナウイルス（猫伝染性腹膜炎ウイルス）、猫免疫不全ウイルス、猫白血病ウイルス、犬ジステンパーウイルスです。抗体はある程度ウイルス感染を阻止できても、完全な感染阻止やその後の発病阻止には細胞性免疫が重要です。特に猫免疫不全ウイルスの感染防御には変異しやすい表在抗原（すでに５種類の中和サブタイプが存在している）に対する中和抗体よりも細胞性免疫の獲得が不可欠のようです。このような免疫を付与するためには生ウイルスワクチンが適していますし、やはりこれも自然感染経路での免疫が望ましいわけです。

感染回復後にはこれ以上望むことはない「フル装備」の免疫が得られる故に、弱毒化生ウイルスによる自然感染経路からの感染による免疫方法を指向するわけです。一般的に不活化ワクチンは安全で容易に作れますが、細胞性免疫の誘導には工夫が必要です。弱毒化生ウイルスワクチンはたとえ異所経路であっても宿主に感染するため、程度の差はあれ細胞性免疫は誘導されます。しかし、完全無毒株の作出は大変難しく、「生きている」故に安全性に対する疑義が常に付きまといます。

では、なぜ「不活化」と「生」ワクチンで得られる免疫状態にこのような差がでるのでしょうか。それは、投与された抗原の免疫系細胞への提示方法に違いがあるためです。生ワクチンの場合、ウイルスは細胞に感染し、細胞内でウイルス蛋白が合成され、主要組織適合複合体（major histocompatibility complex: MHC）クラスⅠ抗原分子と共に細胞表面に提示され、両者がCD8陽性細胞傷害性T細胞により認識され標的細胞として破壊されます。ウイルスばかりでなく細胞内に侵入する細菌や寄生虫の抗原、癌抗原など細胞内で合成（代謝）される蛋白はMHCクラスⅠ分子（全ての体細胞に発現されている）とともに提示され、内因性抗原と呼びます。すなわち、細胞性免疫を有効に導き出すためには目的とする抗原蛋白が宿主細胞内で合成される必要があります。もちろん侵入・増殖したウイルス（抗原）に対して抗体も産生されます。

一方、不活化ウイルスは蛋白物質として体内に投与されると、マクロファージなどの抗原提示細胞に食作用現象によって取り込まれて断片化されます。それ故、これらの抗原は外因性抗原と呼ばれます。その後、MHCクラスⅡ分子とともに細胞表面に提示され、CD4陽性T細胞により認識されます。そのうちのヘルパーT細胞（Th2）サブセットは抗原結合したB細胞をプラズマ細胞へと分化させて免疫グロブリン（抗体）産生を促します。MHCクラスⅡ分子を発現しているのはその他にB細胞、単球、樹状細胞などの一部の細胞に限定されています。すなわち、不活化ウイルスワクチンは液性免疫を誘導することになります。

さて、本題のDNAワクチンですが、これは遺伝子ワクチンあるいは核酸ワクチンともいわれ、1990年初めごろ開発された新技術です。免疫応答を起こさせたい標的抗原をコードする遺伝子を挿入したプラスミドDNAが本体です。

これを動物の筋肉や皮膚上皮に接種すると細胞内に取り込まれて、遺伝子が発現され（蛋白が合成され）免疫が誘導されます。内因性抗原ですので、液性免疫と細胞性免疫の両方が誘導されます。ウイルス抗原の他、細菌、寄生虫、アレルギー、あるいは癌抗原なども標的とされています。

外来遺伝子の宿主細胞ゲノムへの挿入、免疫寛容や自己免疫の誘導、あるいは抗 DNA 抗体の産生など検討すべき問題点がありますが、利点も多く、次世代ワクチン候補として熱いまなざしを受けています。さらに興味ある方は次のホームページ（Copyright by Robert G. Whalen）を紹介しますのでアクセスしてみて下さい。

http://www.genweb.com/Dnavax/dnavax.html

（*SAC* 誌第 108 号、1997 年９月）

多価混合ワクチンの功罪と黎明期を迎えた予防接種プログラム

キーワード：多価混合ワクチン、国際獣医用ワクチンと診断学会、免疫持続期間（DOI）、フェロバックス３

私事で恐縮ですが、学問畑から転職して小動物臨床におけるワクチンと予防接種の実態については実に多くのことを勉強させてもらっています。メーカー、獣医師、飼い主、さらには行政と、それぞれの立場に大なり小なりの事情があるのでしょう、その産物がなんとも形容し難い「多価混合ワクチン」です。感染症によって発症機序が異なるし、防御に関係する免疫機序にも大きな違いがあるわけですから、当然のことながら予防手段には工夫が必要です。それなのに何を最優先しているのか、全てをガチャンと合わせてブスッと注射してしまうことの単純さは何ともいいようがありません。

これはなにも日本だけのことではなく、合衆国やEU諸国でも似たり寄ったりらしく、猫用では５種混合ワクチンが一番使われていると聞いています。犬用ワクチンにいたっては９種、10 種とまだまだ「成長」を続けそうです。必要性が低くてもいろいろとくっつけた方が需要があるという、まさに車やパソコンなど利便性物品と同じレベルの話になっています。

ところではしか（麻疹）は１～２歳の頃に一度か二度予防接種を受けたきりで、あるいは一度罹った後は今の今まで全く無関係であった（少なくとも意識したことはなかった）と思います。いわゆる「終生免疫」を得ているためと考えられます。本免疫付与メカニズムについては持続感染や繰り返しの自然暴露の結果等々が考えられますが、病原体は遍在しているにもかかわらずその後は予防接種を受けていません。もしかしたら軽く発病しているのかもしれませんが、個人レベルでは社会生活上は何の差し障りもありません。犬のジステンパーは麻疹と同じと考えられますが、なぜ犬は毎年ワクチン接種をするのだろうと思ったことはありませんか？

1997年の７月27日～31日、ウィスコンシン州のマディソンで第１回国際獣医用ワクチンと診断学会（International Veterinary Vaccines and Diagnostics Conference：IVVDC）が開かれました。最新の研究成果が所狭しと発表されたわけではなく、主にこれまでの動物の感染症予防施策を振り返り、また今後の在り方についてメーカー、学識経験者、臨床獣医師、行政などの代表講演をもとに討議がなされました。

小動物関連でひときわ問題とされたのは「ワクチンが過剰接種されていないか？」ということでした。上記の麻疹の例も講演者の１人がたとえ話に使っていたものです。過剰接種の弊害はアレルギー反応などの副反応ばかりでなく、最近では、猫のワクチン接種部位肉腫発生の遠因であることも指摘さています。

予防接種における免疫持続期間（duration of immunity：DOI）という言葉をご存じですか？　付与免疫の有効期間のことですが、唯一これが保証されている市販ワクチンは狂犬病ワクチン（１年間または３年間）だけです。その他のワクチンのDOIはラベルに表示されていてもそれは最短期間であって、最長期間ではありません。そのために、昔から毎年の追加接種が念仏のごとく唱えられてきました。もちろんDOIの短いワクチン（例えばレプトスピラ）の場合や、患者の置かれている環境などから必要と判断されれば追加接種は行うべきですが、その場合でも必要なものだけを接種すべきでしょう。これらの問題に対応する専門委員会が設けられ、2000年に英国オックスフォードで開催される第２回IVVDCに“National Veterinary Vaccine Program”が提言されることになっています。DOIの長いワクチンの応用も当然提言されるでしょう。

コーネル大学の Fred Scott 博士は講演の中で、すでに市販されている猫用３種（ヘルペス、カリシおよびパルボウイルス）混合不活化ワクチン（Fel-O-VaxR PCT：Fort Dodge Laboratories、日本ではフェロバックス３として共立製薬株式会社が販売）で子猫の時に適切に免疫処置すれば、追加接種しなくても少なくとも６年間（現在も進行中）は感染防御に十分と考えられる免疫（抗体）が維持されることを言明していました（参考文献 1)。私見として断わった上で、これらのコアウイルス病に対しては「初回免疫処置後は１年後に追加接種し、後は３年間隔で猫ヘルペスウイルスと猫カリシウイルスの２種混合ワクチン（なければ３種でも構わない）を接種する」プログラムを推奨しています。ワクチンは健康管理の一手段であって柔軟に応用することが大切です。それにしても、コーネル大学の Skip Carmichael 博士が講演中に洩らした「廊下の向こう側にいる人達は “Lyme is Money” と思っている」という皮肉が耳から離れません。（*SAC* 誌 第 109 号、1997 年 12 月）

参考文献

1）Scott F.W., and Geissinger, C., Duration of immunity in cats vaccinated with an inactivated feline panleukopenia, herpesvirus, and calicivirus vaccine. *Feline Pract.*, 25:12-19, 1997.

母親からの移行抗体は諸刃の剣

キーワード：移行抗体、初乳、乳汁免疫、移行抗体の半減期、パルボウイルスワクチン、サルモネラ症

「移行抗体」は犬や猫の初回ワクチン処置がうまくいかない最大の理由として、先生の中には少なからず悪者扱いしている向きもあろうかと思います。実はこれ、自身では何もできない無抵抗の時期を感染から守られるように母親が子に授けた恵みに他なりません。

野生動物は予防接種は受けませんので、運悪く病原体に暴露すれば発病し、なかには死亡するものもあるでしょう。しかし、回復後は免疫を獲得し、再感染に抵抗するようになります。老齢であったり、栄養状態が悪かったりすると、

健康な成獣では問題にならないような流行に耐えられないこともあります。多くの場合、生まれ育って住み慣れた地域から移動しない限り、また外から病原体が持ち込まれない限り、その個体が、あるいはその動物集団が未だかつて遭遇したことのないような病原体には暴露しないでしょうから野生動物は生きながらえていけます。

その営みと連動して病原体も連綿とその生命を維持しているはずです。あるものは死骸や排泄物の中で、またあるものは成獣の身体の中に潜んでじっと次の標的を待っています。その格好な標的こそ、抵抗力のない幼い動物です。彼等には「かわいらしさ」を唯一の武器にして加護を受けるしか生活する術がなく，これは人も動物もかわりません。その加護の１つが移行抗体なのです。

移行抗体の質と量を決定しているのは全て母親です。母親の免疫状態がそのまま抗体を介して子に伝えられます。残念ながら細胞性免疫は伝わりません。いつそれが授けられるかは動物種（胎盤構造）によって差があります。我々が診療対象にしている牛、馬、豚、犬、猫は胎盤通過ではなく、初乳にほとんど全てを依存します。

受ける子の方も生後２～３日間は腸管粘膜の透過性に制限がなく（通常は分子量 10,000 以上の蛋白は吸収されない）、初乳中の抗体をせっせと吸収して血中抗体量が母親とほぼ同じ程度までになります。そしてその後は減少していきます。したがって、粘膜抗体や血中抗体が感染防御に有効な感染症、例えばコロナウイルスやパルボウイルスでは、移行抗体の果たす役割は高いといえます。特に豚のコロナウイルス感染症では「乳汁免疫」と呼んで、母親を高度に免疫し移行抗体により子豚の消化管粘膜面を抗体で塗布して生後数週間の危険期を感染防御する方法（immunological painting）は有名です。

移行抗体の半減期は平均 11.4 日です。例えば、犬パルボウイルスの場合は約 10 日（9.7 日）ですから、当初、512 倍の抗体価は（これは母親の抗体価を代用しても構いません）、10 日後には 256 倍、20 日後には 128 倍と、以下 10 日毎に半々と減少していき、計算上は 90 日で検出できなくなります。

問題は野外強毒ウイルスとワクチンウイルスに抵抗する抗体価に差があることです。例えば、64 倍ではワクチンウイルスは抑えるが、野外ウイルスの感染は許容してしまう一方、ワクチンウイルスは８倍に下がらないと身体の中で増殖できないとしますと、64 倍が 8 倍に減少する 30 日間は野外ウイルスに感受性でワクチンが無効な「危険期間」（window of susceptibility）です。この期間を何とか縮めてくれという獣医師の要望にメーカーが答えた格好の例が犬や猫パルボウイルスの「高力価低継代」ワクチンです。この危険期間を完全になくすことはできませんが、比較的に早期に免疫（能動免疫）を付与できますのでだんだん広まってきました。

しかし、良いことづくめばかりでなく各種の問題も起こし始めています。例えば、高い移行抗体を乗り越えるためにはウイルスのより活発な増殖が必要です。その結果、より強く免疫系を刺激して能動免疫を得るわけですが、ワクチンウイルスによる腸管粘膜の破壊やウイルスの体外排泄も起きます。規則によりワクチンウイルスが自然界で強毒に復帰しないことの証明が義務づけられてはいますが、限界はあります。さらに、犬や猫が下痢・嘔吐を呈して市販のパルボウイルス検出キットで陽性になっても、本当にその検出ウイルスが病気を起こしていたかどうかは怪しくなります。偶然そこに存在したワクチンウイルスの可能性です。これまでは「検出パルボウイルス＝強毒ウイルス＝病因」と考えましたが、これからはそうはいかないでしょう。

これらは些細な事と流す向きもあるでしょうが、パルボウイルスに限らず、自然界に新しいウイルスを放出すると（ここでは生ワクチンの使用を開始すること）、少なからず臨床的な問題も起きます。今回は猫パルボウイルスの例を紹介します（参考文献 1）。パルボウイルスは隠れた免疫抑制性ウイルスです。サルモネラ症は基本的には健康な猫では無症状感染に終始して問題とはなりませんが、免疫が低下しているような場合や何らかの原因で腸粘膜が広範に損傷を受けると普段は無害な微生物の日和見感染が起きやすくなり、例えばここで述べられているような致死性全身性のサルモネラ症となります。

このケースレポートは、高力価生パルボウイルスワクチンの使用により動物が免疫抑制状態に陥ったことによる危険性を示唆しています。たとえどんなに便利なワクチンが使えるようになったとしても、大切なのは自然の摂理に沿った安全な予防接種の励行でしょう。安全性がおろそかにされたワクチンや予防接種プログラムは当の犬や猫も望んでいません。パートナーとして彼等に接しているのか、物として彼等を扱っているのかは予防接種の方法 1 つをみても

判ります。（*SAC* 誌 第 115 号、1999 年６月）

参考文献

1）Foley, J. E. et al., Outbreak of fatal salmonellosis in cats following use of a high-titer modified-live panleukopenia virus vaccine. *J. Am. Vet. Med. Assoc.*, 214: 67-70, 1999.

猫は呪われた動物か？

キーワード：猫免疫不全ウイルス不活化ワクチン、人免疫不全ウイルスワクチン、サイトカインアジュバント、猫コロナウイルスワクチン、猫伝染性腹膜炎、犬の線維肉腫

獣医師の中には、2002 年３月末に、フォートダッジアニマルヘルス社の猫免疫不全ウイルス感染予防用ワクチンが米国農務省から認可を受けたことをご存じの方もいらっしゃると思います。もちろん猫免疫不全ウイルスでも、またレンチウイルス感染予防用としても初めてのワクチンで、カリフォルニア大学とフロリダ大学（Niels Pedersen 博士と Janet Yamamoto 博士）の共同開発です。Janet は関連する論文を各所に発表していますので、参考までに新しい論文を１つ紹介しておきます（参考文献 1）。

SAC 誌でも以前からその可能性を紹介していましたが、何といっても開発成功のポイントは、同社の犬と猫用のワクチンであるデュラミューンやフェロバックスなどのワクチン製造に使われている「バイオリアクター」による猫免疫不全ウイルスの大量培養に成功したことと、猫免疫不全ウイルス感染防御に不可欠な細胞性免疫を誘導できるアジュバントを発見したことでしょう。この第一世代猫免疫不全ウイルスワクチンは、早ければ 2002 年夏には米国内の臨床獣医師（免許を有している）は使用ができるようになります。

他方で、人免疫不全ウイルスのワクチン開発は望みが見えてきません。中和抗体を産生し強固な免疫を誘導することで人免疫不全ウイルスの感染阻止を目標にした従来の蛋白ベース型ワクチンの開発を期待する研究者は少なくなってしまい、「人免疫不全ウイルスの体内での増殖を鎮め病の進行を遅らせるワク

チン」の開発に焦点が移っています（参考文献 2)。

20 年ほど前に猫白血病ウイルス感染症予防用ワクチンがやはり「初めてのレトロウイルスワクチン」として世に出ました。とにかく初めてだったこともあり厳しい評価を受けました。競争原理も働き改良が重ねられ新ワクチンが続出し、選択淘汰され今日まで成長してきています。しかし、全ウイルス不活化、あるいは組換え蛋白ワクチンですので、潜伏感染を防御できないなど有効性の点で不十分なところがあります。

さらに因果関係は未だ明確にはされていませんが、アルミニウムゲルアジュバントなどの使用により接種部位に形成される肉腫の発生率が高まるなどの問題など、全ての猫用ワクチンの安全性に対する不安が猫のワクチネーションの見直しを求め出しました。この猫免疫不全ウイルス感染予防用ワクチンも発売後はやはり有効性や安全性の面で消費者の評価を受け、改良がなされて成熟していくことを願っています。

こうして考えてみますと、この種のレトロウイルスワクチンは未だに「猫用」以外には開発されていません。犬にはウイルスだけでも 5 種混合、レプトスピラを加えると 8 種、9 種と多価混合ワクチンが猫同様のワクチンプロトコールで使われていますが肉腫の発生頻度は極めて低いようです。

昔、ある国立大学の病理学の教授が真顔で（彼は人間的に極めて尊敬できる先輩でありクリスチャンですが)、「望月君、君が猫の病理学をいくら究めても最終的には無に帰するかもしれませんよ。残念ながら人、牛、そして猫は滅びゆく運命にある種で、これまでの進化の過程で神の命に背く何か悪いことをしたようですね。感染症 1 つをとっても悪い方向悪い方向へと導かれています」と。

そのつもりで眺めますと、これらの動物種はエイズウイルスや白血病ウイルスなど多種類のレトロウイルスに感染し、プリオンに対しては高感受性であり、よかれと予防接種をすれば致死性の肉腫で応えます。同じ環境にいる犬はこれらのおぞましいものにはほとんど無関係で、少なくても病理学的には、犬属の将来を暗くするような致命的不安要因はありません。

その真偽のほどは別にして、自身の残された人生も残りの方が少ないわけですから、愛する猫のために少なくても目前の問題を解決してあげたい。とりあえず猫免疫不全ウイルスについては、遅ればせながら我々もさらに優れたものを世に出す努力をするとして、白血病ウイルスのワクチンはどう改良しましょうか？　グラスゴー大学の恩師、Os Jarrett 教授によると、彼等の猫白血病ウイルス DNA ワクチンは完璧だそうです。同じようなサイトカインアジュバント（IL12 や IL18）を用いたやはりグラスゴーの猫免疫不全ウイルスワクチンの有効性は今ひとつですが（参考文献 3）。このサイトカインアジュバントは猫の肉腫問題を解決する方策の１つで、最近とみに注目されています。

同じようなコロナウイルスに感染しても、犬と猫では結末は明暗がくっきりと違うのもなぜか暗示的です。犬と猫と豚に今感染しているコロナウイルスはよく似ており、それらの祖先は同じウイルス（寄生体）であったといわれています。しかし、なぜか進化の過程で猫の方の遺伝子に変化が起こり、宿主と寄生体のおかしな関係を構築してしまったようで、猫だけが致死性の伝染性腹膜炎になります。不公平ですが、犬と豚は小さい時に下痢をするだけです。

このワクチン開発も鋭意努力中です。次世代の主力ワクチンと目されている DNA ワクチンに先程の IL12 を加えて調べたら、逆に憎悪してしまったとユトレヒトの Peter Rottier 教授が言い出しました（参考文献 4）。IL12 の分量に問題があった（使い過ぎ？）かもしれないという話ですが、インターフェロンも含めてサイトカインの使い方は難しいですね。まあ遅々とはしていますが、猫の子々孫々のためにも…。

2002 年８月にはスコットランドで猫コロナウイルス／猫伝染性腹膜炎の、12 月にはフロリダで猫レトロウイルスのシンポジウムがあります。新たなる挑戦への turning point になればと思います。（*SAC* 誌 第 127 号、2002 年６月）

参考文献

1）Pu, R. et al., Dual-subtype FIV vaccine protects cats against in vivo swarms of both homologous and heterologous subtype FIV isolates. *AIDS*, 15: 1225-1237, 2001.

2）Cimons, M., New prospects on the HIV vaccine scene, *ASM News*, 68（1）: 19-22, 2002.

3）Dunham, S. P. et al., Protection against feline immunodeficiency virus using replication defective proviral DNA vaccines with feline interleukin-12 and -18. *Vaccine*, 20: 1483-1496, 2002.

4）Glansbeek, H. L. et al., Adverse effects of feline IL-12 during DNA vaccination against feline infectious peritonitis virus. *J. Gen. Virol.*, 83: 1-10, 2002.

幼少から異物に暴露しすぎるとアレルギー体質になる

キーワード：ワクチン、アレルゲン、IgE 抗体、アレルギー体質、胎内感作

幼い時の経験がその後の健康を左右するというような論文を紹介しましょう。著者らはワクチンの場合はどうなるかについては論文内で言及しておりませんが、自身の専門的立場から（少し斜めかもしれませんが）理解してみました。

生後間もない犬がアレルゲンに暴露するとその後も同種アレルゲンに対して持続的に IgE 抗体が産生され続けるばかりでなく、その後に暴露する異種アレルゲンに対しても IgE 抗体応答しやすいように感作されることから、幼齢時にアレルゲンに暴露しないようにすることが IgE 抗体媒介性アレルギーの予防上重要であるという内容です（参考文献 1）。

7 腹の 32 頭のビーグル犬を各腹 2 群に分け、生まれた日（初期）あるいは 4 か月齢時（後期）に同じようにアレルゲン（卵アルブミン）に皮下接種暴露させました。そして 10 ～ 12 か月齢時に別種のアレルゲン（牧草チモシー花粉）に接種暴露させ、それらの反応を比較しました。

その結果、初期に暴露させた犬には後期の犬に比較して 10 倍ものアレルゲン特異的 IgE 抗体が産生されましたが（$P < 0.001$）、IgG 抗体反応はほとんど起きませんでした。追加暴露すると、IgE 抗体ばかりでなく特異的 IgG 抗体量もブースター的に増加し、両群には 1 年以上にわたって差が認められました。後期感作犬群では接種異物特異的な IgG 抗体は産生されたものの、ブースターがかかるような IgE 抗体はほとんど産生されていません。さらに、エーロゾル暴露後の肺機能（気管支収縮）にも両群には有意差（$P < 0.01$）が認められています。

人ではこの初期感作の重要性を示すデータが増加しています。さらには、おそらく胎盤内にいる時にすでに感作されている可能性も示されています。犬でも同様な状況が伺えるわけですが、1 か月齢そこそこでワクチンを接種することの危険性はワクチンウイルスによる直接的危害だけでなく、このようなワ

クチン接種後直ぐには目に見えてこない長期的影響にも獣医師は配慮すべきでしょう。

さらに、犬や猫でも、初回ワクチン接種にもかかわらずアナフィラキシー様ショックを起こす症例が認められます。IgE 抗体が関与しているのか否か検討されていませんが、もしかすると、胎内感作や経口食物感作されているのかもしれません。この論文は犬の免疫機能の発達を伺い知る上でも有用ですし、何よりも早すぎるワクチン接種は異状免疫を誘導する危険性を教えてくれました。（*SAC* 誌 第 132 号、2003 年 9 月）

参考文献

1）Schiessl, B. et al., Importance of early allergen contact for the development of a sustained immunoglobulin E response in a dog model. *Int. Arch. Allergy Immunol.* 130: 125-134, 2003.

獣医師は危険な職業である：生ワクチンの取り扱いは慎重に！

キーワード：ワクチンの改良ポイント、先端技術ワクチン、DNA ワクチン、医原性ゾーノーシス

2003 年 9 月初めの第 5 回臨床獣医学フォーラムに招聘した、グラスゴー大学名誉教授の Os Jarrett 博士の猫白血病ウイルスと猫免疫不全ウイルスに関する講演は、本人が「ギアチェンジをして話した」といわれているように理解しやすい英語で好評でした。まあ、小生を含めこれまでの何人かの日本人とのつき合いからその必要性を痛感していたのでしょう。

ところで、彼の話の中でショックだったことがいくつかあります。英国の健康な猫の現在の猫白血病ウイルス陽性率が 0.1％位で、20 年ほど前に比較すると数 10 分の 1 に減少しており、おそらく純粋種猫群では猫白血病ウイルスは撲滅されたのではないかという点がその 1 つです。成功の秘訣は（というほどのものではなくごく当然のことですが）「検査と隔離」と「予防接種」の実践です。

正確な診断と確実な予防は感染症管理のセットになるものですが、我が国

では血液塗沫標本を用いた蛍光抗体法による確定診断の習慣が根付かず、また最近は猫白血病ウイルスワクチンの予防接種がなぜか敬遠されている傾向もあり、先行きは明るいものではありません。生後１年を過ぎると猫白血病ウイルスに対する感受性が20％以下に減少して感染しにくくはなるのですが、Osは「その数字は決して低くなく、ハイリスクの猫は加齢しても検査とワクチン接種が必要である」ことを強調していました。

ところでそのワクチンですが、一般論としてまず「不活化ワクチン」が研究開発され実用に供されます。例えば、猫汎白血球減少症パルボウイルス不活化ワクチンは傑作ワクチンで生ウイルスワクチンの必要性がありません。しかし、不活化ワクチンでは効力が望めない、例えば犬パルボウイルス２型や犬ジステンパーウイルスの場合は、危険を承知で生ウイルスワクチンを選択せざるをえません。もちろん有効性は100％ではありませんから、常に改良のための努力が続けられています。

前述の猫白血病ウイルスワクチンはウイルスの特異的な複製過程（感染宿主細胞DNAに、たとえワクチンウイルスでもウイルスゲノムが挿入される）から現状では全て不活化ワクチン（全ウイルス、サブユニット、組換えサブユニット）あるいは、ほ乳類細胞では複製しない組換えベクターワクチンです。いずれも有効性は80％～90％前後です。

ワクチンの改良すべき項目は数限りなくありますが、一般的には、1）ワクチン株の吟味、2）副反応の低減、そして3）発症病理にかなったワクチン免疫の誘導が重要であることは今も昔も変わりありません。

ワクチン株は常に野外流行株に抗原性を合わせなくては高い効力は望めません。しかし、弱毒化生ワクチンは短期間では作れませんから、安全性も考慮すると組換えサブユニットが最近のトレンドでしょうか。

副反応の多くは、迷入病原体やアレルギーの原因になる製造に用いた細胞培養等由来蛋白が問題でしょう。昨今はいわゆる狂牛病（BSE）の問題から牛血清を用いない方法が模索されています。

３番目は、細胞性免疫や粘膜免疫が重要で、特に抗体が病状悪化になっているような感染症には不可欠です。例えば、猫免疫不全ウイルスや猫コロナウイルスの感染症です。

これらの問題の解決法として、ここ 10 年ほどの間盛んに研究されてきたのが、遺伝子組換え技術による組換えベクターワクチンや遺伝子（DNA）ワクチンです。以前にもお話しましたが、最近の技術では（理論的には）お望みのワクチンがオーダーメイドできるようになってきています。毒力遺伝子を外したり、サイトカイン遺伝子をアジュバントとして挿入したりと。研究レベルでのこれまでの成果は隔週刊「日経バイオテク」などを閲覧していると常に感じるように先端技術に対する期待が強く伺えます。

先日の Os Jarrett の講演では、猫白血病ウイルスの DNA ワクチンは 100％の有効性を示しています。しかし、野外に広く用いた時に想定外の事件事故が起きる可能性は依然として残っており、経済的にも未知数としかいえません。また、最近になって臨床応用や野外試験が開始されているこれら先端技術による遺伝子治療、組換えワクチン、あるいは DNA ワクチンに、研究が進めば当然のこととはいえ、やはり問題があちこちに見つかってきました。

例えば DNA ワクチンによく用いられている CpG モチーフを含む細菌 DNA と合成オリゴデオキシヌクレオチドは本当に安全でしょうか？（参考文献 1）いずれも、研究室レベルでは結果を判りやすくするために極端な実験条件が設定されますが、野外の人や動物は千差万別。容易ではありません。我が国では人医学を含めてこれらの新しい技術による組換え生ウイルスワクチンや DNA ワクチンなどは一切認可されていません。安全性重視の行政は十分理解されます。SARS や家禽ペストなどの「黒船襲来」が歴史の転換には必要なのでしょうか？

ところで、米国ジョージア州アトランタの疾病管理センターに隣接する Emory 大学公衆衛生 Rollins 校から動物用ワクチンの人に対する潜在的危険性を述べた総説が公表されていますのでご紹介しておきます（参考文献 2）。ワクチンの副反応といえばこれまでは対象動物のことばかり問題にしてきましたが、動物用ワクチンの人への影響は検討されておらず、局所への噴霧や滴下接種などのワクチンが多くなっている現在、獣医師と病院関係者、時には免疫能の低下している飼い主にとっても事故による動物用ワクチンへの暴露は危険を伴うことを忘れてはいけません。

主に牛のブルセラ病生菌ワクチン、野生動物の狂犬病生ワクチンや組換えワクシニア狂犬病ワクチン、あるいは伴侶動物用の気管支敗血症生菌ワクチンへの人の暴露発病事例について解説し、獣医師という職業故の暴露の危険性や人用に未開発の動物用ワクチン（ウエストナイル熱、ライム病、炭疽など）の故意による人への接種事例、さらには現在の監視体制の不備などにも言及しています。いわばゾーノーシスの医原型ともいえますが、今後はより一層ご注意下さるようお願いします。（*SAC* 誌 第 133 号、2003 年 12 月）

参考文献

1）Ioannou, X. P. et al., Safety of CpG oligodeoxynucleotides in veterinary species. *Antisense & Nucleic Acid Drug Development*, 13: 157-167, 2003.

2）Berkelman, R. L., Human illness associated with use of veterinary vaccines. *Clin. Infect. Dis.*, 37: 407-414, 2003.

第4章

忘れてしまった狂犬病の恐怖

狂犬病はゾーノーシスの代表格

キーワード：Pasteur Louis、ゾーノーシス、狂犬病ウイルスの街上毒と固定毒、狂犬病暴露後予防処置、鯉ヘルペスウイルス

狂犬病という病気でどうしても忘れられないのはあの有名なLouis Pasteur博士でしょう。野外で流行している狂犬病ウイルスは「街上毒」（street virus）と呼びます。彼はこの強毒ウイルスをウサギの脳で連続継代することで毒力の弱いウイルスを作り出しました。「固定毒」（fixed virus）と呼ばれます。その結果として、例えば末梢からの感染性が弱まっています。中枢神経系にウイルスが到達さえしなければ狂犬病ウイルスは怖くありません。「固定毒」は実験室で仮に誤って手や指にウイルスを入れてしまっても、いわば「安全」なウイルスということで、診断法の開発やワクチンの製造に用いられています。

狂犬病の犬に足首を咬まれたとします。唾液中のウイルスは咬傷部位の筋肉細胞で増殖後、血流ではなく、神経軸索の中をゆっくりと上行して最終的に大脳などの中枢神経系に到達します。そこで細胞を破壊して脳炎を起こさせると同時に、そのまま、動物を死なせてはウイルスの存続も危うくなりますので、唾液腺に侵入増殖して唾液中にウイルスを排泄します。脳炎のために見境なく攻撃するように変わってしまった動物は当たるを幸いに噛みつくことになりま

す。これがもし狂犬病ウイルスの策略だとしたらホラー映画真っ青です。

狂犬病の動物に咬まれた場合、どこを咬まれたかによって発病までの時間が決まります。鼻や首などの中枢神経に近い部位ほど潜伏期が短くなります。例えば、インドを旅行中に犬に足首を咬まれて、傷もたいしたことなく、数日で腫れも引いたので放置して旅行を続行、2 週間後に帰国、犬に咬まれたことはすっかり忘れ、しばらくして身体がだるいなどの変調をきたし、病院へ。もし、医師に犬に咬まれたことを話さなければ「風邪」で終わるかもしれません。

長い場合は 1 年以上という記録もありますが、平均すると 1 か月です。この長い潜伏期が幸い？して狂犬病ウイルスに暴露したかもしれない場合は直ぐにワクチン接種や抗体投与による治療（暴露後予防処置 postexposure prophylaxis）によりウイルスの中枢への上行を阻止することが十分可能になっています。したがって、国外で動物に咬まれたら医療機関に相談されることをお勧めします。ニューヨークでは人に咬まれても相談した方がよいと聞いたことがありますが、なぜか？聞きそびれてしまいました。

「狂犬病ウイルスは咬傷から侵入する」と理解されてもちろん正解ですが、ウイルスは粘膜からも感染をします。狂犬病ウイルスが流行している地域では、例えば、コウモリが感染して保毒している場合があるので、たとえコウモリと直接に接触しなくても感染の危険性があると判断されます。滞在ホテルの部屋の中にコウモリが入ってきたら要注意です。

ところでこのように動物から人へ感染が広まる病気を「人獣共通感染症」（ゾーノーシス zoonosis）ということはご存じでしょう。人から動物へ伝播する場合については「共通」ではあってもゾーノーシスではありません。そしてゾーノーシスの代表はこの狂犬病です。古くから研究され、その管理方法も確立されているのですが、未だにごく一部の国・地域を除いて全世界中で流行し、年間の犠牲者は 4 万～ 10 万人と推定されています。

ゾーノーシスで怖いのは動物から人へきて、そして人からまた人へ伝播していく場合です。病院内の医療事故は例外として、動物から人への単発伝播であれば問題は複雑にはなりません。しかし、先般の SARS のようにウイルスの発生源である動物が何であれ、いったん人に伝播した後、人から人へ病気が広まるという疫学的特徴ゆえにパニックになったわけです。狂犬病は人から人へはうつる危険性はほとんどないと思います。ニューヨークは別にして。

補足として魚類ウイルスがゾーノーシスを起こすかどうか？という疑問についてお話しましょう。養殖できる魚には家畜と同じように病気が発生しやすく、国内でもタイ、ハマチ、ブリ、フグ、鮎など庶民には高嶺の花の魚類で問題になっています。一部はワクチンも応用されています。おさしみが好きな日本人としては大いに気になるところです。一般論として魚類を宿主とするウイルスの多くは低温増殖性でほ乳類の体温では増殖できないと考えられています。2003年11月に茨城県霞ケ浦などから蔓延した鯉ヘルペスウイルス病、このウイルスは外来ウイルスのようですが、「鯉科ではなく鯉だけに感染し、30℃以上では増殖しないから人への感染の危険性はありません」というラジオで聞いた魚類病専門家のコメントにはやけに説得力がありました。

川田弥一郎著「白い狂気の島」

キーワード：狂犬病ウイルス、狂犬病予防法、恐水症

この小説は医師でもある川田氏による医学ミステリーで、狂犬病予防法が改正される以前の1993年に出版されたものです（参考文献1）。当時話題となり、確か、日本獣医師会雑誌にも書評なるようなものが掲載されたように記憶しています。

山口大学獣医学科の6年生への犬と猫の伝染病学講義では、必ずこの小説を引き合いに出して狂犬病ウイルスと「狂犬病」の特徴について解説し、今は日本にはない本病の特徴を印象深くなるように伝えています。その度ごとに、小説に出てくる人物を山口大学獣医学科内の先生におきかえて登場してもらいますので学生の受けはよいのですが、先生方には大変ご迷惑をおかけしているようで申し訳ございません。

この小説のポイントは、「半世紀も国内でその発生がない致死率100％の狂犬病ウイルスをどこから入手するのか」につきます。そして、当時の狂犬病予防法は犬以外の動物の輸入検疫という点では極めて不備の多いもので猫などを自由に持ち込めること、狂犬病ウイルスの潜伏期が平均すると1か月間と長いこと、その間は感染動物と非感染動物の区別ができないこと、そして犬も猫も感染発病したら必ず「狂躁型」になることなど、が条件としてそろうことが小説とはいえ完遂には必要です。それでもかなりの確率で「完全犯罪」が可能です。

ところで狂犬病、牛でも、オオカミでも、猫でも発病すれば「狂犬病」です。人では「恐水症」ともいいます。しかし人や動物、個体によっては必ずしも、あたり構わず興奮して咬みつく「狂躁型」（人では脳炎型）にはならず、「沈鬱型」（人では麻痺型）を示す個体もあります。一般に80～85％が「狂躁型」になるようです。牛の発症例では比較すると「沈鬱型」が多いといわれていますが、その理由は判りません。最近の野外の狂犬病ウイルス遺伝子の解析でも人の臨床病型と感染するウイルスの型には直接的な因果関係はないようです（参考文献2）。

小説の中身はここでは詳しく解説することができませんので、文庫本の裏表紙の案内をご紹介します。「狂犬病清浄国の日本で、39年ぶりに患者が発生した。台風接近で孤立した幹根島を襲う白い狂犬の恐怖。誰が、いつ、どこから、島に持ち込んだのか？　島の青年医師・窪島典之は恋人ちづるの協力を得て、事件解明に乗り出すが、謎は益々深まるばかり……」どうぞお買い求めの上お読み下さい。

参考文献

1）川田弥一郎、白い狂気の島、講談社文庫、ISBN4-06-263408-2、東京、1996.
2）Hemachudha, T. et al., Sequence analysis of rabies virus in humans exhibiting encephalitic or paralytic rabies. *J. Infect. Dis.*, 188: 960-966, 2003.

狂犬病の疑いのある犬はどう処置するかご存じですか？

キーワード：狂犬病予防法、狂犬病暴露後予防処置（治療）、狂犬病ウイルスに対する感受性

私事で恐縮ですが、人生も半世紀を越えると昔の記憶が突然に頭をよぎることも少なくありません。奥深く眠っていた記憶が突然表れるのは脳組織に空洞が出てきて記憶がワープしやすくなるのですかね？　幼少の頃存在していて今

現在ないものに、例えば「赤線」や「狂犬病」があります。前者の記憶は当然？ながら何もありません。しかし後者に関しては今でも、そして多少脚色化されて残っています。

鹿児島大学での教職を去ってからも毎年、東京大学と山口大学の学生に感染症の講義をしています。そして狂犬病の話しでは必ず自身の「犬に咬まれた」経験も話します。近所の火の見櫓の下で飼われていた柴犬に足を咬まれました。傷そのものはたいしたことではなかったようですが、しばらくしてそこを通って知ったのは、「犬がいなくなっていた」ということでした。就学前の子供には理解するのが難しかったのでしょう、祖母が「人を咬んだあの犬は殺された」と。九州山地のコウモリに狂犬病類似ウイルスが見つかったというような話はないわけではありませんが、日本では 1957 年以降は発生がありません。

ご承知のように、狂犬病管理の基本は「野犬の捕獲」です。開発途上国では「都市型」の流行をします。町中にいる主に犬（80 ～ 98％の事例で犬が関与）が狂犬病を発症し人に危害を及ぼします。一方、先進諸国では「野生型」です。飼っている犬や猫が外に遊びに行ってイタチやスカンク、アライグマなどの野生動物に咬まれてウイルスに暴露し家に戻ってきます。しばらくして様子がおかしいと動物病院へ。飼い主だけでなく動物病院関係者が一番危険に曝されているメカニズムです。

我が国で狂犬病が撲滅できたのは野犬管理と予防接種の励行、それから島国という地理上の有利性でしたが、「野生動物間にウイルスが広まらなかった」ことも隠れた理由の 1 つです。世界中で未だに撲滅が難しいのは管理不可能な野生動物の感染です。それを減らすことで人の発生も減ることは、最近のヨーロッパにおけるポックスウイルスベクターワクチンによる野生動物（主にイタチ）の免疫推進で証明されています。

感受性の一番高い動物グループはイタチ、キツネ、オオカミ、2 番目が猫、アライグマ、スカンク、3 番目が犬、人、馬、牛です。政府は 1999 年 4 月に狂犬病予防法を改正し、犬だけでなく猫、アライグマ、キツネ、スカンクの輸入検疫や管理を強化しました。その危険性が高まっているからです。仮に狂犬病が再侵入し、国内の野生動物（アライグマのようにペットとして飼育を始めて、放り出して野性化した移入動物も）にウイルスが伝播、保有された場合、正直なところ高原でのゴルフや気軽に山歩きなどは昔の良き時代の話しになります。「オオカミの復活」などはまさにもってのほかとしか言いようがありません。狂犬病がない現在の日本がいかに素晴らしいか、「狂犬病を知らない世代」は失って初めて理解するしかないのでしょうか？

実は斯く言う私も本当の狂犬病発症動物は見たことがありません。おそらく国内の獣医科系大学で教鞭をとっている先生方も皆無に近いでしょう。10 数年目、鹿児島大学時代の上司、佐藤平二教授が、「伝染病学関連教師の国外実地研修の必要性」を述べていたことを思い出します。狂犬病ばかりでなく他の感染症も多くが過去の病気のような言い方をされますが、一歩国外に目を向ければそれは 1 世紀前と全く同じ、いやむしろその数は増えています。2 年前の口蹄疫の侵入から学ぶことは沢山あるはずです。

さて本題ですが、もし狂犬病が撲滅できないとしたら、その地域や町の獣医師は自分達の顧客に対してでき得る）サービスとして次に何を考えるでしょうか？

例えば米国内で人が犬に咬まれた場合、あるいは極端な話、狂犬病汚染の激しい地方でコウモリが室内に侵入してきた場合、ウイルス暴露された危険性が高いので直ちに「暴露後治療」を開始します。不活化ワクチン、人狂犬病免疫グロブリン、インターフェロンなどを用います。

加害動物は捕獲し、ワクチン歴を勘案し、最悪の場合は安楽殺して診断を行います。現在の米国のガイドラインでは、「狂犬病暴露したワクチン未接種犬は安楽殺するか、6 か月間の厳重隔離観察が必要」です。これは被害者の火急的救済のためです。動物の治療はしません。

この「暴露後治療」を受ける人は米国で年間 1 万人を越えるらしく、その主たる職種は獣医師とその病院関係者だそうです。不活化ワクチンと人狂犬病免疫グロブリンを用いた治療が米国で開始されてからこれまで実際に発症まで至る公式上のケースはないとのこと（狂犬病ではない場合も多い？）。この治療法の有効性や限界を実際には検証できませんが、これまで各種動物を用いた試験は行われています。最近の犬を用いた試験を紹介します（参考文献 1）。

この研究そのものは、高価で入手が難しい人で作った狂犬病免疫グロブリンの代わりにマウスモノクローナル抗体の有用性を検討したもので、暴露が激しいとワクチンだけでは発症阻止は不可能ですが、モノクローナル抗体の併用は100％の効果があり、代用品として評価できるという論文です。

加えて、この論文に記載してある症例を含めて、これまでの狂犬病暴露動物に対する不活化ワクチンと抗体による加療は驚くほどの好成績をおさめています。動物の暴露後治療は法律上の規制からこれまで科学的に検証、議論されてきませんでした。確かに狂犬病を発症して凶暴になっている犬や猫の治療は禁忌ですが、彼等とて、林や草むらで遊んでいる時に狂犬病の野生動物に襲われた被害者に違いありません。咬まれた時点では立場上も医学上も我々人と同じです。何とか救えるものであれば人事を尽くしたいと思う気持ちは同じではないでしょうか。

現在国内で飼育されている犬の頭数の正確なところは判りませんが、一説には1,000万頭とも。そのうち狂犬病ワクチンが接種されている、すなわち登録されているのはその約半数ともいわれています。もし80％以上の接種率であれば、外から侵入してきた狂犬病ウイルスの感染拡大防止が期待できます。それ以下ではどうなるのでしょうか？　仮に野犬捕獲業務が励行されている地域であれば、少なくても30％以上あれば流行の拡大を70％以上阻止できるといわれています。

現在の日本は明らかに危険ゾーンにあるといってもおかしくありません。加えて国内の法律ではほぼ同数飼育されている猫の予防接種は義務付けられていません。英国のようにワクチンをしない国もありますが、個人的には狂犬病は国策として科学的かつ最大の予防疫策を講じるべきだと考えています。（*SAC*誌、第129号、2002年12月）

参考文献

1）Hanlon, C. A. et al., Postexposure prophylaxis for prevention of rabies in dogs. *Am. J. Vet. Res.*, 63: 1096-1100, 2002.

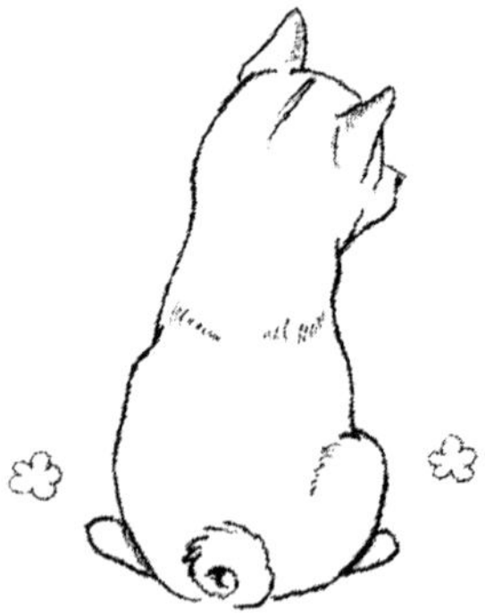

第5章

犬ジステンパーは犬瘟熱

人生を変えた「犬温熱」

キーワード：犬ジステンパー、麻疹（はしか）、牛疫、モルビリウイルス、家畜病理学試験

私事で恐縮ですが、幸せなことに学生時代の「家畜病理学各論」は、東京大学名誉教授である故 山本修太郎先生に教えていただきました。学生が誰ひとりとしてさぼることなく、争って前の席を取り、企業からの聴講生も交え夢中で講義を聴きました。何十年とお使いになっているであろう、今で言うシラバスのようなものが模造紙に墨で書いてあります。それを毎回黒板の左側に張り、黒板右側の空いている所に絵図を描いて説明されていきます。それを一言も漏らすまいとノートに写しました。「犬ジステンパーは犬瘟熱です。犬の熱病で、子犬がウイルスに感染すると…」。講義は進んでいきます。

小生、何を考えたのか東京大学大学院に進学しようかなと弥生キャンパスで4年生の秋に受験しました。ドイツ語、英語、化学、生物学、獣医専門学、今では考えられないほど受験科目がありました。さして頭が良いわけではありません。英語ならまだしも、ドイツ語で書かれた論文を辞書なしで設問に答えられることが不思議です。化学物質「○○○」の構造式を書きなさいなどに至っては隣に教科書があっても間違えそうです。

面接試験の段にいたって、一通りの面談の後、当時の病理学教授であった藤原公策先生（現名誉教授）が、「望月君、病理学試験の出来はどうでしたか？山本先生のご講義はいかがでしたか？」と。「ハイ、できたと思います。山本先生のご講義も一度も休まず聴講しました」。「ところで望月君の国語は大丈夫ですか？」「は？」何のことやら全く判りません。しばらくは、国家公務員試験も落ちていましたので「誘われている山梨県にでも戻るかな？　それとも臨床の見習いにでも…」。後日入学して、試験で「犬瘟熱」を「犬温熱」と間違って解答していたことを藤原先生が指摘されていたのだということが判りました。

犬ジステンパーは犬の、特に子犬の熱病です。ウイルスは宿主の粘膜組織とリンパ系組織を好んで侵襲します。そのために、呼吸器粘膜が破壊され呼吸器病が、消化管粘膜が破壊されて下痢が起きます。発熱により元気、食欲ともなくなります。ウイルスは血流に乗り全身に播種されます。リンパ系組織が破壊されるために免疫能が低下し、細菌などの２次感染により病状は複雑悪化し、悪くすると、ウイルスが中枢神経系に到達して脳炎を起こします。脳炎を起こすと予後は良くありません。死亡率も高くなります。特に移行抗体の減弱した子犬では死亡する大きな原因です。

あれ、この病態、人の麻疹（はしか）と同じですね。何歳の時だったか忘れましたが、枕元に新聞紙を敷いた空の洗面器があって、枕越しに見える卓袱台の上のクリスマスケーキを見ていた記憶があります。かかりつけの先生が「ちゃんと寝ていないと何とか」とか。同じように牛の「牛疫」というウイルス病もこの犬ジステンパーや麻疹と同じ「モルビリウイルス属の仲間」によって起きます。宿主こそ犬、人、牛ですが、よく似たウイルスによるよく似た病気です。衛生状態が悪く、ワクチン免疫が低く、栄養状態の悪い若齢の動物の方が死亡率が高くでてきます。

山本修太郎先生の病理学各論の試験は完璧にこなしました。なぜならば、試験問題も模造紙に書いてある由緒正しきものでしたから、試験が開始される前から鉛筆が動き出しました。

獣医師だけの臨床診断法

キーワード：犬ジステンパー、犬パルボウイルス２型、タヌキ、アナグマ、感染宿主スペクトル、口蹄疫、伝染病学試験

子犬が下痢や風邪のような症状を呈していてもその原因ウイルスを臨床的に鑑別することはほとんど不可能です。ワクチン未接種であれば多くの場合、犬ジステンパーか、あるいは犬パルボルイス２型の感染である場合が多いのですが、両ウイルスが混合感染している場合も多いし、加えて犬コロナウイルスや犬アデノウイルス１型も加担している場合もあります。

人の場合も同様でしょう。しかし、例えばクリニックを開業されている地域での感染症流行状況なるものが保健所などから出されている場合もあるでしょうし、担当地区の小学校での流行状況も蓄積されてくるでしょうから、簡単な検診である程度「○○○病」といった診断が出せるのかもしれません。

獣医師の場合は多少違う局面があるということをお話しましょう。これは2001年に経験した事例です。北陸地方のある家畜保健衛生所から、自然保護地区に飼育しているタヌキが下痢をして集団で死亡しているので病原学的診断が依頼されてきました。すでにこれまで野外のタヌキが犬ジステンパーウイルスや犬パルボウイルスに感染して死亡していることは承知していましたので、どちらかであろうということは容易に推測できました。しかし、お話を伺っているうちに、タヌキだけでなくアナグマも同じように罹患しているとのことでした。

その話が出たときに、1）犬パルボウイルス２型だけではないだろうということと、2）犬ジステンパーウイルスの可能性が強いということが推察されました。検査の結果、当初の予想通り、犬ジステンパーウイルスが原因であることが判明しました。そしてそれは犬間で流行しているAsia/H1型犬ジステンパーウイルスであることが判りました。犬パルボウイルス２型とそれ以外のウイルス性因子は検出されませんでした。おそらく周囲の犬から伝播したのでしょう。

なぜ予測ができたのかといいますと、犬ジステンパーウイルスと犬パルボウ

イルス２型の宿主域に違いがあるからです。どちらも犬科動物に感染します。しかし、犬パルボウイルス２型に感受性を示すのはほぼ犬科動物に限定されるのに対して、犬ジステンパーウイルスに感染する動物種は幅広く、キツネ、タヌキなどの犬科、イタチ、フェレット、アナグマ、テン、カワウソなどのイタチ科、アライグマ、パンダなどのアライグマ科、ハクビシンやオオヤマネコなどの猫上科、最近はさらにライオンなどの猫科動物、アザラシなどの水棲動物にも感染発病させています。

このように、獣医師には感染発病している動物種スペクトルを調べることで病原体の予測が可能な場合があります。この類の話の典型はやはり「口蹄疫」ではないでしょうか。

小さなRNAウイルスが原因で起きる口蹄疫は産業家畜にとって重要な法定伝染病で、2000年にはほぼ１世紀ぶりに我が国で発生したことは記憶に新しいと思います。牛、豚、羊などの偶蹄獣の感染症で馬などの単蹄獣は感受性がありません。牛と豚や羊の間には病気の特徴に差があるようですが、教科書的には、発熱に伴って口周囲や口腔内、および蹄部に水疱が形成され、水疱は破れてびらん状になり疼痛を伴うために跛行を呈します。

病気により死亡することは希ですが、伝染力が強く、発生すると畜産業への経済的影響が強い国際ウイルス性伝染病です。汚染国に指定されると豚肉などの輸出入が禁止されます。そのために、例えば、日本経済新聞の片隅に「デンマークで口蹄疫発生」などの短いニュースが載ると、駅前のスーパーの豚肉の値段が上がるというような話がないわけではありません。当然ながら政府は食肉を備蓄し、必要な時は価格安定のため市場に緊急放出します。

過去、英国においては「口蹄疫の初期診断に遅れをとったために社会的に葬られた獣医師が多数いた」ことを留学中に聞かされたことがありますし、小説の題材になったこともあります。また試験にもよく出題されます：

牧場から電話があって、豚が元気がないので獣医師が駆けつけました。そこでは牛も羊も、また乗馬用の馬も飼われていました。豚の様子をみると蹄部趾間に赤くなっている斑状の病変があり、どうも歩くのを嫌がっています。牛や羊はどうかと飼い主に尋ねると、どうもここ数日は餌の食い方が悪いようだとのこと。調べると発熱しています。念のために馬の様子を尋ねると馬は元気そのもので全く問題ないとのことでした。疑われるウイルス病はどれでしょうか？　該当するものに○をつけなさい（複数回答可、完全回答のみ）。
1）口蹄疫、2）水疱性口炎、3）豚水疱疹、4）豚水疱病。

もちろん、どこの国、地域、いつなのか設定が必要です。ですからこれはあくまでも教科書的なことです。しかし、水疱性口炎も豚水疱疹もなく、口蹄疫は 2000 年に再侵入したものの現在は制圧されている日本でも、「豚や牛に水疱が形成されている場合は口蹄疫でないと診断されるまでは口蹄疫とみなす」は現場では金科玉条です。

犬ジステンパーウイルスとその仲間の反乱

キーワード： 犬ジステンパーウイルス、モルビリウイルス、ヘンドラウイルス、エマージングウイルス

最近やたらと情報が飛び交っている「ジステンパーウイルスとその仲間」の話をしましょう。1987 年頃から、アザラシやイルカなどの海洋動物に犬のジステンパーに臨床的に類似する伝染病が発生し、群内では数千～ 1 万余頭の個体が死亡しました。これらの発生例からはウイルスが分離され、犬ジステンパーウイルスに類似していることがいわれ、どこからウイルスが来たのか大変に興味がもたれました。

その後の詳細なウイルス学的検査により、原因ウイルスは 2 つに分けられることが判りました。1 つは新種のモルビリウイルス（アザラシジステンパーウイルス、ネズミイルカモルビリウイルス、マイルカモルビリウイルスなどと命名されています。なお、モルビリウイルスというのは犬ジステンパーウイルス、牛疫ウイルス、麻疹ウイルスなどが所属するウイルス属の名称です）で、もう 1 つは犬ジステンパーウイルスそのものでした。残念ながら、これらの動物を襲った新しいモルビリウイルスの起源、さらに検出された犬ジステンパーウイルスを含めた伝播経路などは未だ推測の域を出てはいません。

これらの記憶がまださめやらぬうちに、今度はアメリカ合衆国内の動物園やタンザニアのセレンゲティ国立公園内のライオン、虎、豹などの人型猫科（*Felidac*）動物が先の海洋動物のようにジステンパー様の症状を呈して数十頭単位で死亡しました。その後は大きな流行はないようですが、カナダでの散発的な発生などが文献的にも認められます。もともと家猫（*Felis cutus*）を始めとした猫科動物は、犬ジステンパーウイルスの自然宿主ではなく感染しても不顕性に終わると考えられていましたので、かなりショッキングなニュースであったことと思います。参考文献1には、タンザニアのセレンゲティ国立公園内のライオンを襲った犯人ウイルスは、その遺伝子の特徴から新種のウイルスではなくて、犬ジステンパーウイルスの野外株そのものであることが書いてあります。

ところで、さらにショッキングなニュースは参考文献2です。ところはオーストラリア、クイーンズランド州のブリスベン、1994年9月の終わりに、高熱と呼吸困難を呈した21頭の馬のうち14頭が2週間の内に死亡しました。それだけでなく、病死した妊娠馬と接触のあった49歳の馬トレーナーと40歳の厩舎作業員もひどいインフルエンザ様の症状を呈し、トレーナーは看護の甲斐もなく6日後に急死しました。

病理解剖検査では重度の間質性肺炎が死因と判明しました。この馬と人を同時に攻撃した病原体はその後の検査によりこれまで知られているいかなるモルビリウイルスとは異なる新種のモルビリウイルスであることが分子生物学的に証明されました。その後は新たな発生はないようですし、血清疫学的調査でも周囲に広まっている様子もありません。このウイルスの本来の宿主は不明です。どうしてその宿主からこの恐ろしいウイルスが出現したのかも闇の中です。

このようなウイルスを最近は “emerging virus”（エマージングウイルス、あるいは新興ウイルス）と呼んでいます。古くは1977年に突然出現した犬パルボウイルスや、人、猫、牛の免疫不全ウイルスも同じ範疇に入ります。エボラ出血熱ウイルスなども広義には含まれるでしょう。周りに存在していたのに（検査法が不備のために）我々は盲だったのでしょうか。それともやはり突然に地球上に現われたのでしょうか。昔、イギリスの大学で仕事していた時、アメリカ合衆国NASA（航空宇宙局）の博士学位を持つ科学者が送ってきた手紙が忘れられません。「犬パルボウイルスはエイリアンが宇宙から地球に送った実験用ウイルスである」と主張していました。

常識的にはウイルスが何らかのプレッシャーにより大きく変異し、本来の宿主から免疫学的抵抗性のない新しい宿主（集団）に感染した結果と考えられます。問題はそのプレッシャーでしょう。もし、人間生活による様々な影響がウイルスの変異を促すプレッシャーを作り出す大きな要因でしたら、今後も恐ろしいウイルスや類似の病原体が出現することは否定できません。（*SAC* 誌 第100号、1995年10月）

オーストラリアで出現したこの馬モルビリウイルスは現在、パラミクソウイルス科のヘニパウイルス属のヘンドラウイルスとして分類されています。

参考文献

1）Harder, T. M. et al., Phylogenetic evidence of canine distemper virus in Serengeti's lions. *Vaccine*, 13: 521-523, 1995.
2）Murray, K. et al., A morbillivirus that caused fatal disease in horses and humans. *Science*, 268: 94-97, 1995.

猫も犬ジステンパーウイルスに感染して発病する？

キーワード：犬ジステンパーウイルス、猫と犬ジステンパーウイルス、エマージングウイルス出現メカニズム、犬ジステンパーワクチンの有効性

1996年ほどエイズ、狂牛病、エボラ出血熱、大腸菌O-157など微生物や伝染病に関する解説書が一般書店にならべられたことはないでしょう。今では小学生でも「ウイルス」を知っていますが、だれも知らないのはエイズウイルスやエボラ出血熱ウイルスなどが世の中に出てきた（人に被害を及ぼし始めた）原因（メカニズム）で、これが「エマージングウイルス」と総称される由縁です。

「ウイルスの反乱（原名：A Dancing Matrix）」（Henig, R.M. 著、長野 敬・赤松真紀 訳、青土社）によると、エマージングウイルス出現の最も重要な原因はウイルスの突然変異ではなく、「人間の作り出した条件によって、すでに存在しているウイルスが、地理的あるいは生物種間の境界を越えること」にあり、ウイルスが運搬されるメカニズムとして、1）人や動物の世界規模の移動、2）都市化、3）地球の温暖化、4）農業習慣、5）水の管理、6）医原性、7）現代科学（事故や狂気？）を挙げています。

以前やはりエマージングウイルスの１つである犬パルボウイルスが今度は

逆に猫に伝播し病気を起こしているらしいことをお話しました（第６章参照)。同じように、近年、話題になっているのはモルビリウイルスです。われわれの周囲で「新種ウイルスが出現」しているようにも見えます。

実際には以前から地球上のある動物集団内で維持されていたものが、例えば生活環境の変化で宿主動物が大移動し、偶然にもそれらに遭遇した免疫学的抵抗性のない他の動物種•集団に伝播した結果であることが強く疑われています。場合によっては前からその動物種に存在していたのに技術的なことで気が付かなかったのかもしれません。もちろん顕在化した時点で「新種ウイルス」には違いありません。本章ですでに紹介したオーストラリアで馬と人を同時に襲った馬モルビリウイルスはフルーツコウモリに由来するウイルスらしいことも伝えられています。

今回は犬ジステンパーウイルスに関する論文を紹介します（参考文献 1)。ここには、

1）大型猫科動物に発生しているジステンパー様疾患の病因モルビリウイルスは、周囲にいる猫科動物以外の肉食動物の犬ジステンパーウイルスが種間伝播した可能性が一番強く、猫科動物に馴化した犬ジステンパーウイルスとは考えられない。

2）最近の合衆国、ヨーロッパ、およびアフリカの野外犬ジステンパーウイルス分離株（猫科動物由来も含む）と犬ジステンパーウイルスワクチン株（オンダーステポート株）の遺伝子配列（H 遺伝子：中和抗体を産生する血球凝集素抗原の遺伝子、および P 遺伝子：ヌクレオカプシド随伴リン蛋白遺伝子）を比較した結果、両者間にアミノ酸レベルで分散的に最大 10％の違いが認められる。

3）野外犬ジステンパーウイルス分離株は由来する動物種よりも地理的関連性が強い傾向がある。例えば、合衆国内の分離株はヨーロッパやアフリカの分離株より相互に似かよっている、

と述べられています。

日本国内でもやはり同様な変異犬ジステンパーウイルス株が伝播していることや（参考文献 2)、現行の犬ジステンパーウイルス予防用ワクチンがこれら変異犬ジステンパーウイルス株に対しても感染防止効果がありそうなことが学

会などで報告されています。現行ワクチンの効力が脳炎などの臨床症状発現をもたらすような攻撃方法で未だ検討されていないので、犬ジステンパーに対する有効性は定かではありませんが、変異犬ジステンパーウイルスによる犬ジステンパーが、かつての犬ジステンパーウイルスのように野外で大流行しているわけではないことは、現行ワクチンが依然として（完全でないにしても）有効であることを示唆する疫学的根拠でもあります。

液性免疫（中和抗体）メカニズムだけでは犬ジステンパーに対する抵抗性の全体を説明することはできません。我々が犬ジステンパーウイルスの仲間である麻疹ウイルスに対して終生免疫を得るように、犬も犬ジステンパーウイルス生ワクチンによる免疫後最長７年間は中和抗体が減衰してもウイルス攻撃に耐える免疫を得られますし、自然感染後にはさらに強固な免疫が得られます。

犬は中和抗体、抗体依存性細胞傷害活性、細胞傷害性Ｔリンパ球活性などの総合免疫力で犬ジステンパーウイルスに抵抗しています。免疫メカニズムの分担が決まっているわけではありませんが、予防接種後間もない時期は（上記の血球凝集素抗原や同じくエンベロープにあるＦ（融合蛋白）抗原に対する）抗体による防御が、その後は時間が経過するにつれ細胞性免疫メカニズムが主に抵抗性を左右しているのかもしれません。免疫記憶の質や程度も臨床症状発現に関係しているでしょう。

ウイルス感染細胞を攻撃する細胞傷害性Ｔリンパ球活性を得るにはワクチンウイルスが増殖し抗原が細胞内で合成され、クラスⅠ主要組織適合抗原（MHC）と一緒に提示される必要があります。そのため犬ジステンパーに対する「免疫」には弱毒化生ウイルスワクチンが汎用されています。

たしかに完全無欠なワクチンは存在しませんので、昔も今も「ワクチンの無効性」を示唆するような臨床例は数多くあります。より適切なワクチン株の選択も大切ですが、ワクチンとして発売されるまでには時間がかかります。加えて変異のスピードが速ければワクチンの開発が追いつけません。しかし、せっかくのワクチンでも不適切な予防接種をしていたら効果はさらに期待できません。特に細胞培養由来犬ジステンパーウイルス生ワクチンは溶解調整後長く保存できません。臨床現場における犬ジステンパーウイルスワクチンがうまく効かない理由の大きな１つになっています。（*SAC* 誌 第 106 号、1997 年３月）

参考文献
1）Harder, T. C. et al., Canine distemper virus from diseased large felids: biological properties and phylogenetic relationships. *J. Gen. Virol.*, 77: 397-405, 1996.
2）Iwatsuki, K. et al., Molecular and phylogegetic analysis of the hemagglutinin（H）proteins of field isolates of canine distemper virus from naturally infected dogs. *J. Gen. Virol.*, 78: 373-380, 1997.

老犬脳炎と犬ジステンパーウイルス

キーワード：犬ジステンパーウイルス、犬ジステンパーワクチンの有効性、老犬脳炎、Old dog encephalitis、コアワクチン、犬ジステンパーウイルスの遺伝子型

19世紀から20世紀の初頭にかけて、動物のウイルス病が徐々に明らかにされ始め、20紀後半には犬や猫のウイルス病も研究が進みワクチンが開発され、現在ではその多くは管理下に置かれているといえましょう。しかし、個々のウイルス病のワクチンを有効性、安全性、経済性、あるいは利便性、さらには愛護的な観点から評価した時、必ずしも満足のいくものではありません。強いて挙げるとすれば、猫汎白血球減少症パルボウイルス不活化ワクチンに及第点が与えられるでしょうか。

一方、今後新しいウイルス病が出現するだろうかという心配があります。病原体も宿主動物も相互に関連しながら進化しているわけですから、その可能性は十分にあります。それがどのようなものであるかを想像することは難しいのですが、全く新しいものであるよりも、少しずつ変異が蓄積されて、ある時それが免疫包囲網を打ち破るように大流行する危険性が一番高そうです。もちろん、未開発地域の野生犬科・猫科動物、あるいは近縁動物種の中に我々の全く知らない病原体が保有されており、それが突然に文明社会に侵入する危険性もないわけではありません。

いずれにしても、より理想的なワクチンプログラムを目指す我々の感染症対策には休息の時間はありません。犬と猫のワクチンは過去数十年間にわたって改良されながら使われてきましたが、ここに至って、特に猫のワクチンプログラムの見直し気運が高まり、「コア（必須）ワクチン」と「ノンコア（非必須）ワクチン」という考えが小動物臨床にも広く浸透しつつあります。

動物の健康管理上絶対不可欠なワクチンをコアワクチンとし、それ以外のものがノンコアワクチンです。日本の犬のコアワクチンは狂犬病、犬ジステンパー、犬パルボウイルス病、犬伝染性肝炎、猫では猫汎白血球減少症、猫カリシウイルス病、猫伝染性鼻気管炎に対するものです。狂犬病常在国では猫の狂犬病も該当します。各々の地域の感染症疫学情報や動物の生活様式に応じて獣医師がノンコアワクチンをコアワクチンプログラムに加味することになります。

さて、今回の文献情報ですが、犬のコアウイルス病である犬ジステンパーに関連するものを２件ご紹介いたします。１つは日本国内における犬ジステンパーウイルスの疫学に関する論文です。

これまで現行のワクチン株（例えばオンダーステポート株）と比較すると、抗原性が変化している犬ジステンパーウイルスが野外で流行していることが報告されておりましたが、最近の発病症例の犬ジステンパーウイルスの血球凝集素遺伝子（これ以外にも犬ジステンパーウイルスは遺伝子を持っていますが、この遺伝子がコードしている蛋白が主要感染防御抗原でこの種の調査に適しているといわれています）を解析したところ、２種類の遺伝子型に分類されることが判りました。

１つは、KDK-1 型で大部分がこの遺伝子型です。もう１つは、98-002 型で今回新しく発見された遺伝子型です。ワクチン株などのいわゆる旧犬ジステンパーウイルスの遺伝子型は全く検出されませんでした。系統樹解析でもこれら日本の２つの遺伝子型犬ジステンパーウイルスは世界の他の地域で流行している犬ジステンパーウイルスとは別個に進化していることも判りました。予備試験ながら、主遺伝子型である KDK-1 株は中和試験でワクチン株と片側交差性を示し、現行ワクチンで免疫した犬は KDK-1 株の感染を阻止することから、さらには現在の犬ジステンパーの発生頻度の推移から考察するに、現行のワクチンの有効性は完全ではないかもしれないものの、いまだに十分、応用可能であると考えられます。

しかし、ワクチンの有効性評価法の適切性や新しく発見された遺伝子型の抗原性、あるいは未知の遺伝子型犬ジステンパーウイルスの存在の可能性など、もし犬ジステンパーワクチンの改良を必要とするならば問題山積で、多くの基礎研究や疫学調査が必要です。さらには遺伝子型が大きく異なる外国由来犬ジステンパーウイルスの国内侵入の危険性などを考慮すると、改良はグローバルな観点からしなくてはならないかもしれません。これらの遺伝子型と病態の関係についても他の犬ジステンパーウイルス遺伝子の解析の必要性をも考慮の上で今後の検討ポイントでもあります。

ご紹介するもう１つは、これまでその発症機序が証明されていなかった“Old dog encephalitis”（老犬脳炎）に関する論文です（参考文献 2)。歳老いた犬が犬ジステンパーウイルスに感染して脳炎を起こした症例とこの老犬脳炎の鑑別は困難ですが、彼等は神経病原性犬ジステンパーウイルス株を用いて３年近い実験感染を行い、老犬脳炎は中枢神経系に無症状感染していた犬ジステンパーウイルスに原因する犬ジステンパー神経疾患の変型であること述べています。症例数が少ないのは気になりますが、遺伝子を研究していると最先端であると誤解し、犬ジステンパーウイルスの急性実験感染さえ満足にできない自らを顧みると、この種の研究論文は萎え始めている研究者魂を奮い立たせてくれます。（*SAC* 誌 第 116 号、1999 年 9 月）

その後、KDK-1 型を Asia/H1 型、98-002 型を Asia/H2 型と提案しました（参考文献 3)。そして、韓国の研究者との共同研究から、どちらの遺伝子型の犬ジステンパーウイルスも韓国内の犬間で流行していることが判明しました（未発表)。Aisa/H1 型ウイルスは日本の犬だけに流行しているウイルスではありません。また、遺伝子型の異なる犬ジステンパーウイルスも補体の存在下では相互に中和される可能性も明らかにされました（参考文献 4)。

参考文献

1）Mochizuki, M. et al., Genotypes of canine distemper virus determined by analysis of the hemagglutinin genes of recent isolates from dogs in Japan. *J. Clin. Microbiol.*, 37: 2936-2942, 1999.
2）Axthelm, M. K., & Krakowka, S., Experimental old dog encephalitis (ODE) in a gnotobiotic dog. Vet. Pathol., 35: 527-534, 1998.
3）Hashimoto, M., et al., Hemagglutinin genotype profiles of canine distemper virus from domestic dogs in Japan. *Arch. Virol.,* 146: 149-155, 2001.
4）Mochizuki, M., et al., Complement-mediated neutralization of canine distemper virus in vitro: Cross-reaction between vaccine Onderstepoort and field KDK-1 strains with different hemagglutinin gene characteristics. *Clin. Diagn. Lab. Immunol.*, 9: 921-924, 2002.

犬ジステンパーウイルスに感染するとデブになる？

キーワード：肥満の原因、感染性肥満、infectobesity、犬ジステンパーウイルス、ボルナ病ウイルス、アデノウイルス

肥満（obesity あるいは adiposity）は洋の東西を問わず多くの現代人に共通する悩みの種で、欧米では喫煙習慣と同様に自己管理能力の欠如と見られているとか。定義はいたって簡単で、「身体における脂肪の局所的または全身的過剰蓄積」が肥満です。

特に若い女性にとっては健康よりも美容上のより大きな関心事らしく、食事を制限したり、果ては喫煙まで始めたり、ダイエットに余念がないようです。当然そこには商売がらみで痩せるための情報や技術が氾濫し、思うようにいかずに裁判沙汰も珍しくはありません。

我々おじさん族も肥満から縁遠い人は少ないようで、下腹には年々脂肪が溜まって、「たまには運動をしたら」と言われない週末はないようになってきました。しかしこちらは当然ながら生活習慣病の症状であることが多いわけで、中性脂肪やコレステロールの値は当然高くなっており、放置すれば近未来の健康上問題であることは明々白々です。

体重と身長の数値で自己診断ができますから、自身が肥満か否かは簡単に知ることができます。大部分の人は多分、「食べ過ぎで、かつ運動不足が原因だから、問題ないよ」と考えていると思います。おそらく多くの場合はそれが主だった理由のように思えます。ですから、気になったり栄養指導を受けたりすると、一時的ですが、通勤にバスをやめて隣駅まで歩いてみたり、晩酌のお銚子の数を減らしたり、昼間のラーメンの汁を残したりと、ささやかな努力を試みるものですが、長続きすることは滅多にありません。少なくとも小生にはありませんでした。

我が家の愛犬アクセルは 2002 年 4 月末で満 4 歳を迎えます。幼少から成長期はラム＆ライスを、一昨年から数社の成犬用ドッグフードを混ぜて与えています。毎日、朝晩合わせて 1 時間強の散歩と、犬混合ワクチン（デュラミューン 7）で初回免疫処置し、狂犬病ワクチンを誕生日に、4 月から 11 月までの

間はモキシデクチンを与えています。お陰さまでいたって健康で、ダルメシアンにしては多少太めでは？という評価もないわけではありませんが、雄犬として堂々たる体躯になりました。

ヘッポコながら獣医師が毎日観ているわけですから、病気にでもなったら家族から白い眼で見られるという恐怖心は拭えません。心配なのは、可愛さあまっての間食と散歩の手抜きでしょう。最近ころころと肥った小型犬を見る機会が多くなっているような気がしますが、室内飼育が増えた（運動をせずに、飼い主と一緒につまみ食いをしている？）影響もあるのでしょうね。

ところで、その肥満の中に「感染症に起因する」ものがあるのをご存じでしょうか？ “infectobesity”（感染性肥満）という新しいコンセプトで、過去 20 年間に 6 種のウイルスが肥満の原因になると動物モデルで証明されています。肥満を原因によって分類すると、例えば、神経性、内分泌性、薬理学的、栄養性、環境性、季節性、遺伝的、特発性（原因不明）、それからウイルス性の 9 つに分けることができます。このウイルス感染が原因のものが感染性肥満です。今回ご紹介するのは 46 編の論文をベースにしたミシガン州立 Wayne 大学の Dhurandhar 博士の総説です（参考文献 1）。

これまでに取り沙汰されているウイルスには、犬ジステンパーウイルス、ラウス随伴ウイルス -7、ボルナ病ウイルス、スクレイピー因子、鶏アデノウイルス（SMAM-1）、人アデノウイルス（Ad-36）で、正確にはスクレイピー因子は狂牛病病因と同じ感染性蛋白（プリオン）ですからウイルスとしては 5 種になります。

その中で、鶏と人のアデノウイルスは実際に人の肥満症例に伴っており、他のウイルス種があくまでも実験動物レベルによる証明であることと一線を画して著者は解説しています。犬ジステンパーウイルスに類似した麻疹ウイルスやボルナ病ウイルスも人に感染しています。しかし、本欄の読者の興味は犬ジステンパーウイルスでしょう。ボルナ病ウイルスも確かに猫に感染がありますが、疫学的広範性は犬ジステンパーウイルスの比ではありません。そこで、犬ジステンパーウイルスによる肥満をお話します。

今から約 20 年程前に、Lyons らによって犬ジステンパーウイルスを用いた初めてのウイルス性肥満がマウスに証明されました。犬ジステンパーウイルスに感染したマウスは体重が増加し、脂肪細胞のサイズと数が有意に大きくなることが認められました。感染から生残したマウスも 6 ～ 12 週間後には、腹腔から感染させた動物で 16%、脳に直接感染させた動物では 26%に、増殖肥大性肥満が発生しました。

この事実は追試され、犬ジステンパーウイルスに因る肥満症は視床下部性であり、原因である犬ジステンパーウイルスと感染の結果として発現する肥満は "hit-and-run" タイプのメカニズムであると考えられています。すなわち、犬ジステンパーウイルスが中枢神経系に感染することで視床下部のレプチンレセプターの発現が減少し、たとえウイルスが消滅しても肥満が進行していくという話です（参考文献 2)。

以上の現象は犬では確認されていませんが、検討する価値は十分にあると思います。仮に自然界で起きているとしても、ウイルスが脳に到達増殖しなければ起きないようですので、断定はできませんが神経症状を発現する前に回復した犬では心配ないかもしれません。

著者はウイルス性肥満の予防対策にワクチンを挙げています。犬では 1960 年代から犬ジステンパーウイルスの予防接種をしてきています。弱毒化生ウイルスワクチンは感染を起こすタイプですから全く安全とは言い切れません。オンダーステポート株のような鶏順化ワクチン株では脳炎発現の危険性は極めて低いのですが、例えば過去の事象としては、犬由来細胞培養で作成された犬ジステンパーウイルスワクチン株と生コロナワクチンウイルスとの併用があります。一般的には対象外の幼弱齢動物や免疫不全動物では、脳にワクチンウイルスが到達し、目に見える脳炎という異常だけではなく、肥満という後遺症に悩む危険性は否定できません。肥満に悩む犬はいない（飼い主はいても）とは思いますが、考えてみるとおかしいですね。（*SAC* 誌 第 126 号、2002 年 3 月）

参考文献

1）Dhurandhar, N. V., Infectobesity: Obesity of Infectious Origin, *J. Nutr.* 131: 2794S-2797S, 2001.
2）Bernard, et al., Alteration of the leptin network in late morbid obesity induced in mice by brain infection with canine distemper virus. *J. Virol.*, 73: 7317 -7327, 1999.

ヨーグルトを食べて犬ジステンパーウイルスを撃退しよう

キーワード：プロバイオティクス、バイオジェニックス、腸内細菌叢、犬ジステンパーウイルス、ペットフード、犬の混合ワクチン

私事で恐縮ですが、東急あざみ野駅近くのスーパー新宿丸正の乳製品コーナーに「プロバイオティクス」という文字が出ているのに気がついたのは2003年の春でした。主婦がこの言葉の意味を理解して商品を手にしているかどうか怪しいところもないわけではありません。プロバイオティクス（probiotics）という言葉が広く知られるようになったのはつい最近のことです。日経バイオ最新用語辞典によると、もともとは生物の共生関係を意味する言葉で、今では食品の機能性を意味する言葉として使われているとのこと。「摂取すると生きたまま腸まで到達し、腸内細菌叢のバランスを改善することにより、宿主に有益な作用をもたらす生きた微生物」と定義されています。

これまで、人やマウスなどの実験動物で腸内細菌叢が宿主の生理機能に深く関与していることが証明されてきました。そして少なくとも、そう信じて愛飲・常用している方も多いと思います。そのような作用の中に、例えば生後間もない頃の腸管免疫組織の成熟に影響を与え、プロバイオティク乳酸菌の経口摂取はその後の健康に良好な影響を与える可能性も考えられています。さてそこで、犬や猫においてこのプロバイオティクスなる微生物が我々の乳酸菌飲料やヨーグルトよろしく功を奏するのだろうかという話を紹介しましょう。今回ご紹介する論文は、犬の離乳時から1歳齢までペットフードにプロバイオティク腸球菌を添加した結果、犬ジステンパーウイルスワクチンの効力が高まったという話です（参考文献1）。

腸球菌（SF68株）には大腸菌、サルモネラ菌、赤痢菌、クロストリジウム菌などの腸管毒性細菌の抑制作用が試験管内で認められており、人の急性下痢や抗菌療法に伴う下痢に対する臨床試験でもその有効性が証明されていました。さらには本論文の前に、他の研究者によって、加熱死菌にした腸球菌（FK-23株）を健康な犬に経口投与しリンパ系細胞の増殖促進や好中球食作用の亢進などの非特異的免疫応答が証明されています。

本論文では、ラブラドールレトリバー、マンチェスターテリア、ビーグル、フォックステリア種の子犬14頭を、市販のペットフードだけとそれにSF68株を添加したもの（毎日、5×10^8 cfu；cfuはコロニー形成単位で細菌の数と考えて下さい）を給餌する2群に分け、8週齢から52週齢まで糞便と血液中の抗体および細胞性免疫能を調べました。犬ジステンパーウイルスを含む5種混合ワクチンは9週齢と12週齢に接種しました。

その結果、両群には体重増加や血液性状、さらには血中IgG抗体総量に差が認められませんでしたが、糞便内IgA抗体（$P = 0.056$）と、血中のIgA抗体総量（$P < 0.05$）と犬ジステンパーウイルス特異的IgG抗体とIgA抗体の量（$P < 0.05$）が対照群より多いことが判明しました。$CD4^+$と$CD8^+$のTリンパ球の割合には差がありませんでしたが、成熟Bリンパ球（$CD21^+$/MHC class II^+）の割合が増加していました（$P < 0.05$）。これらの結果から、著者らは食餌で与えるプロバイオティク乳酸菌が若齢犬の免疫機能を亢進することが初めて証明され、今後の犬の栄養管理に新しい選択肢が加わったと論じています。

感染症を専門としている立場からは、できれば強毒犬ジステンパーウイルスで攻撃した上で有意の差を示して欲しかったのですが、おそらく特異抗体量の差は、感染防御や症状軽減の点でも同じような傾向になるだろうと思われますし、犬パルボウイルス2型などの他のウイルスでも同じような傾向がでるかもしれません。今後この種の考えから感染症が管理できればすばらしいことです。（*SAC*誌 第132号、2003年9月）

参考文献

1）Benyacoub, J. et al., Supplementation of food with Enterococcus faecium (SF68) stimulates immune functions in young dogs. *J. Nutr.* 133:1158-1162, 2003.

このSF68株の効果が、プロバイオティクスなのかバイオジェニックス（biogenics）なのかは小生には判りかねます。

第6章

パピーキラー犬パルボウイルス

パルボウイルスは相手を選り好みする

キーワード：パルボウイルス、トランスフェリンレセプター、ウイルス血症、宿主依存性増殖、グラム陰性桿菌、敗血症、汎発性血管内凝固症候群（DIC）、細胞周期

パルボウイルスによって起きる病気とその発症機序は、動物種の如何にかかわらず大体似かよっています。ウイルスは口や鼻から侵入して、咽喉頭あたりの粘膜や近辺のリンパ系組織にまず感染します。そこで増殖後、血液中に入り、血漿中に浮遊した状態（ウイルス血症）で全身に播種されます。そして身体中のほとんどの細胞に感染するようです。

最近になって判明したことですが、パルボウイルスは細胞に侵入するのにトランスフェリン（鉄結合性グロブリン）が結合するレセプターを利用しています。したがって、このレセプターを有する細胞であれば感染しますし、多ければより感染しやすくなります。

しかし、細胞に首尾よく侵入できても、ウイルスの効率よい増殖にはさらに別な要件を満たさなくてはなりません。パルボウイルスのような小さなウイルスは遺伝子を数多く持ち運ぶことができません。そこで、感染した細胞の各種蛋白を拝借することになります。ご存じのように、細胞周期は G1-S-G2-M の

4期に分けられます。S期はDNA合成期、M期は分裂期で、G1とG2期はS期とM期に入る準備と点検の時期になります。パルボウイルスは自身のゲノム複製に、S期に存在する細胞のDNA合成酵素を利用しています。細胞機能に依存しています。

したがって、パルボウイルスはトランスフェリンレセプターを沢山持っていて、盛んにDNAを合成し分裂している細胞を好むということになります。これらを満たしているのが、骨髄、粘膜、リンパ組織であり、また母親の胎盤中の胎子（この場合は全身）ということになります。

実際、腸管粘膜組織の陰窩細胞や造血系細胞にはトランスフェリンレセプターが多く発現しており、常時分裂を行っている細胞です。そこが選択的に侵襲破壊されることにより下痢や白血球の減少が病徴的に現れます。胎児であれば死流産や奇形が起きます。

胎児はともかくとしても、ある程度加齢している動物はパルボウイルスの細胞破壊だけで死ぬことはありません。コロナウイルスやロタウイルスはウイルスが口から侵入し食物と同じ流れで腸管に達します。腸粘膜絨毛上皮に感染し

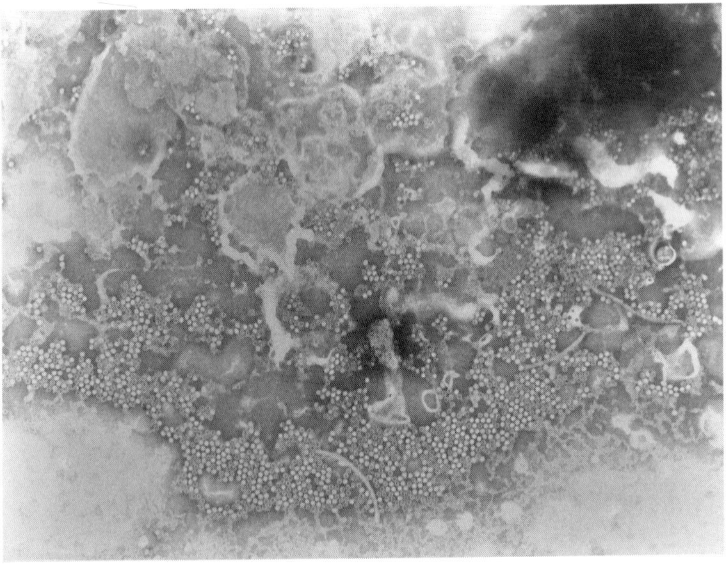

パルボウイルス

破壊されると消化吸収阻害のために下痢が起きます。しかし、絨毛先端部分の破壊のために腸陰窩から新しい細胞が供給されるので数日で回復します。下痢も「白痢」に近いものです。

一方、パルボウイルスは血流により分裂している腸陰窩へ到達し破壊します。広範な出血のために「赤痢」となります。しかも粘膜組織が深く破壊されるために腸内細菌が侵入しやすくなります。この細菌の２次感染が死亡につながっています。グラム陰性桿菌である大腸菌などの敗血症により汎発性血管内凝固症候群（disseminated intravascular coagulation syndrome：DIC）を起こすために死亡します。

とはいっても、パルボウイルスが免疫のない子犬に感染すると臨床的に高い死亡率を示すことが多く、「パピーキラー」の異名があります。実際には、パルボウイルスに感染しやすい環境には犬ジステンパーウイルスも蔓延していることが多いので混合感染は少なくありません。犬種ではロットワイラー、ドーベルマンピンシャー、ラブラドールレトリバー、ジャーマンシェパード、アメリカンスターフォードシャーテリア、アメリカンピットブル、ダルメシアン、アラスカンスレッドドッグなどがパルボウイルスに弱いといわれています。その理由は不明です。

犬種の話が出ましたのでついでに、ジャーマンシェパード、グレイハウンド、ポインター、セッターなどの長い鼻をもつ犬種は、他の犬種に比較して犬ジステンパーウイルスに対してより感受性と考えられています。ワイマラナーは犬ジステンパーワクチンウイルスにも弱いそうです。

犬パルボウイルスは猫にも感染し病気を起こす

キーワード： 犬パルボウイルス、犬パルボウイルス２型、猫汎白血球減少症、犬微小ウイルス、種間伝播、犬パルボウイルスの抗原型、犬アデノ随伴ウイルス

1995年公表された国際ウイルス分類委員会による第６次報告から、これまで猫パルボウイルス（FPV）の亜種とされていた猫汎白血球減少症ウイルス（FPLV）、ミンク腸炎ウイルス（MEV）および犬パルボウイルス２型（CPV）がそれぞれ「種」として独立しました。また、猫パルボウイルスの仲間と考え

られていたアライグマパルボウイルスも同じように分類されました。

といって、これらのウイルス間にこれまでとは異なる大きな違いが見つかったわけではありません。各ウイルス種の遺伝子はほとんど同じですし、抗原性も同様です。日常診断では相互を鑑別することは相変わらず難しいのですが、研究室では可能です。これまで猫から分離されたパルボウイルスは猫汎白血球減少症ウイルス、犬から分離されたパルボウイルスは犬パルボウイルスとみなして（診断して）いました。これからはそのようなレベルでは確定診断にはならないと言えますが、実際面ではそこまでする必要はありません。

猫汎白血球減少症ウイルスの遺伝子あるいは抗原性の変異の幅は狭く、世界中の猫に同じようなウイルスが感染していると考えられます。すなわち、猫のパルボウイルスは1種類です。犬に感染するパルボウイルスは2種類あります。1つはかなり古くから知られている犬微小ウイルス（canine minute virus：CMV）で、我が国でも感染があるらしいのですが臨床上の重要性は明確ではありません。最近のコーネル大学などの研究では妊娠犬の感染が胎仔に影響を及ぼす危険性が指摘されています。

犬微小ウイルスとは遺伝的にも抗原的にも全く関係ないのが犬パルボウイルス2型で、代表的なエマージングウイルス（新しく出現したウイルス）です。現在でも犬パルボウイルス2型の起源は解明されていません。1996年8月にエルサレムで行われた第10回国際ウイルス学会のプレナリーセッションでStuddert博士（メルボルン大学）も「犬パルボウイルスは猫汎白血球減少症ウイルスから出現した」と紹介していましが、その可能性が一番でしょう。

犬パルボウイルス2型はモノクローナル抗体で識別できる抗原性のわずかな違いから3つの「型」（CPV-2、CPV-2a、CPV-2b）に分けられることがあります（遺伝子レベルでも）。この“細分類”は犬パルボウイルス2型の研究を先駆的にしているParrish博士（コーネル大学）によるもので、個々の研究者による独自のネーミングによる混乱を防ぐために多くの研究者がこれを採用しています。

この中では、CPV-2が多くの点で猫汎白血球減少症ウイルス／ミンク腸炎ウイルスにより類似しており、最初に出現してきたウイルスです。少し遅れてCPV-2aとCPV-2bが出てきました。アメリカ合衆国内では順番に置き換わって、現在は CPV-2b が野外の主流になっていると言われています。我が国ではおそらく CPV-2b が大勢を占め、CPV-2a が混在していると思われます。

犬パルボウイルス２型は DNA ウイルスにもかかわらず変異しやすいウイルスらしく、今後も新たな型が出てくる可能性があります。しかし、現時点において現行の犬パルボウイルス感染予防用ワクチンは、採用しているワクチン株の如何にかかわらず短期的な有効性には全く問題ありません。猫パルボウイルスの仲間のウイルスは遍在しており、ご存じのように致死率も極めて高い急性ウイルス病です。もしこれが我々人間の問題でしたら、エボラ出血熱が周囲にあるのと同様です。予防接種なしでは一歩も外へは出られません。

ところで、我々に猫パルボウイルスの鑑別ができるようになって何がまず判ったのかをお話しします。まずドイツの Truyen 博士らは、ドイツ（1993 〜 1995 年）、スペイン（1990 〜 1993 年）および北アメリカ（1985 〜 1990 年）で集められた猫パルボウイルスの抗原性を解析したところ、犬は犬パルボウイルス２型だけ、その中でも主に CPV-2a に感染していました（ドイツ、スペイン）が、猫は猫汎白血球減少症ウイルスばかりでなく CPV-2a や CPV-2b にも感染しており（ドイツ、北アメリカ）、これらの猫分離株が猫に感染し病気を起こす可能性を推察し、我々の３年前の論文（*Vet. Microbiol.*,1993, 38:1-10）内容を確認しています（参考文献 1）。

参考文献２は野外での実際の症例報告です。犬パルボウイルス２型罹患犬にも使う動物病院で使用されていた隔離用動物ケージ内に収容した猫が猫汎白血球減少症を呈して死亡し、分離されたのは猫汎白血球減少症ウイルスではなく、最近犬間で流行している犬パルボウイルス 2a 型 であったことを述べ、猫パルボウイルスの種間伝播の危険性を考察しています。

もともと犬パルボウイルスは猫の細胞でも増殖し、特に最近の犬パルボウイルス分離株は猫と犬の両方の細胞での増殖性が CPV-2 よりも格段に高まっていることから、ありそうなことではあります。おそらくこれは猫と犬の生活範囲がこれまで以上に接近してきたことも要因の１つでしょう。あるいは CPV-2a あるいは CPV-2b 型類似の新しい FPLV が猫間に広まり出しているのでしょうか。

パルボウイルス以外にも犬科と猫科動物種間の壁を越えたウイルスには、犬ジステンパーウイルス、猫カリシウイルス、ロタウイルス、レオウイルス、犬コロナウイルスなど、すぐに挙げることができます。多くの動物種を同じスペースで診療する獣医師に固定観念は危険です。（*SAC* 誌 第105号、1996年12月）

犬には上記の2種類のパルボウイルスに加えて、犬アデノ随伴ウイルス（canine adeno-associated virus）というパルボウイルスが古くに見つかっていますが、病原体にはなっていないようです。完全なウイルスの複製に犬アデノウイルスをヘルパーウイルスとして必要とします。

参考文献

1）Truyen, U. et al., Antigenic type distribution among canine parvoviruses in dogs and cats in Germany. *Vet. Rec.*, 138: 365-366, 1996.
2）Mochizuki, M. et al., Isolation of canine parvovirus from a cat manifesting clinical signs of feline panleukopenia. *J. Clin. Microbiol.*, 34: 2101-2105, 1996.

野生猫科動物は犬のウイルスにかかりやすい

キーワード：犬パルボウイルス、野生猫科動物

最近の犬パルボウイルス2型（CPV）の2aあるいは2b抗原型は飼い猫にも感染しているらしいことを先にお話しましたが、野生の大型猫科動物は飼い猫よりもさらに感受性が強く（犬パルボウイルスだけでなく犬ジステンパーウイルスやコロナウイルスなどの犬の病原体に感染しやすい傾向がうかがえますが、これは種の特異性、近交度、栄養不足などがその理由なのでしょうか？）、周囲の犬科動物が主感染源と考えられています（参考文献1）。

ヨーロッパ諸国ではCPV-2a型が、米国ではCPV-2b型が犬に広く流行しており、猫科動物でもそれが反映されています。論文ではさらにこれら大型猫科動物、特に動物園飼育の今後のパルボウイルス感染対策として猫用CPV-2aあるいはCPV-2b型ワクチンの開発応用が必要であると指摘しています。（*SAC* 誌 第119号、2000年6月）

参考文献

1）Steinel, A. et al., Genetic characterization of feline parvovirus sequences from various carnivores. *J. Gen. Virol.*, 81:345-350, 2000.

獣医師は危険な職業である：思わぬ落とし穴

キーワード：パルボウイルスのレセプター、ウイルスレセプター、トランスフェリン、鍵と鍵穴

我々人が犬や猫などの動物のウイルスに感染するかどうか、感染した場合どのような症状が現れるか、といった問題を実験的に検証することはできませんので、抗体調査などで感染の痕跡をレトロスペクティブに（さかのぼって）調べるか、偶然罹患し診断された患者の記録を基に判断するしか方法はありません。

例えば、2001 年英国で大流行した口蹄疫、偶蹄獣を宿主としますが、欧米の古い獣医ウイルス学の教科書には人も感染すると記載されていますし、個人的にもそのように長年にわたって講義してきました。しかし、社会的には一般人を無意味に怖がらせる必要もないことから、それなりの判断で、食肉は安全であるという報道が最近は優先されています。不謹慎かもしれませんが、今回の英国の口蹄疫騒動中にやはり関係者の感染があったらしいことがニュースで流れた時には「やはりそうなんだ」という形容し難い感慨を持ちました。

細菌類とは異なり、ウイルスは宿主細胞内で複製します。その結果、細胞が破壊されたり、組織・器官が機能不全に陥いることで各種障害（症状）が出てきます。感染侵襲部位が粘膜のように効率良く再生されるのであれば、一時的な発熱や風邪様あるいは下痢などの症状ぐらいで回復しますが、脳や肝臓・心臓など生命維持中枢器官であれば、後遺症や最悪の場合は死亡という結末も考えられます。

ウイルス種によって標的細胞が異なっていますので、症状もそれぞれ異なっていることはご承知のとおりです。さらに、狂犬病ウイルス、各種脳炎や出血熱ウイルスなどは、もともと人を含む多くの動物種に感染する人獣共通感染病原体と認識されています。一体何がそのような違いの理由になっているのでしょうか。

学生時代に講義で「ウイルスは細胞に接着侵入し、脱殻、放出されたウイルスゲノムからmRNAが転写されウイルス蛋白の合成、一方、DNAウイルスは核内で、RNAウイルスは細胞質内でウイルス遺伝子が複製され、その後細胞質内でウイルス粒子が組み立てられ細胞から離脱していく」と詳細に聞いたものと思います。最近は分子生物学的手法の格段の進歩に伴い多くのウイルス種でさらに解明が進んでいます。

2001年5月末、パスツール研究所で開催されたプラス鎖RNAウイルス学会はその類いの国際研究集会で、ペスチウイルス、コロナウイルス、あるいはカリシウイルスなどについて500件近い発表がありました。6日間、久しぶりに「こ難しい」ことを頭に詰め込んだものですから帰国してもしばらくは頭痛が治まりませんでした。おそらく先生方も当時は「なぜこんな細かいことを」と微生物学が嫌いになっていったものと思います。しかし、これらの詳細な研究はすべて「ウイルス病の予防法と治療法の開発」のために資しているのです。

例えば、インターフェロン、アマンタジンやアシクロビル、あるいはジドブジンなどは、これらの基礎研究から実際に臨床応用され始めた抗ウイルス薬で、肝炎、インフルエンザ、ヘルペスウイルス感染症、エイズなどの治療薬となっていることはご存じのとおりです。今回はそんな基礎研究が報じた犬や猫のパルボウイルスの意外な情報です。

動物ウイルスの多くが人に感染しない理由は単一ではありませんが、多くの場合はウイルスが細胞に特異的に接着侵入する過程がポイントになっています。よく言われる「鍵と鍵穴」の特異関係で説明されますが、ウイルス側の接着蛋白分子と細胞側のレセプター分子間の特異関係が可否を左右しています。もちろんここを偶然にすり抜けたとしても、さらにその先、細胞という工場の中の各種機械をエイリアンである侵入ウイルスのために動かせることは容易ではありません。

もしこのレセプターを化学的に解明できたとしたら、そこにはまる鍵蛋白分子を合成し、人込みに出かける前に鼻粘膜にシュッと噴霧しておくことで、例えばインフルエンザウイルスが接着できないように、レセプターを使用中にしておくことができます。有名なところではヘルペスウイルスの硫酸ヘパリンやヒト免疫不全ウイルス1のCD4分子（＋10種以上の補助レセプター）が挙げられます。レセプターの在る細胞が感染の標的となりますから、レセプターはウイルスの病原性を規定している大きな要因でもあります。

犬パルボウイルス2型と猫汎白血球減少症ウイルスは鉄輸送蛋白であるトランスフェリンのレセプター（TfR）を接着、侵入、感染に使っているという論文を紹介します（参考文献1）。TfRを欠いているウズラやハムスターの細胞には犬パルボウイルス2型も猫汎白血球減少症ウイルスも接着しませんが、これらの細胞に人や猫のTfRを発現させてから試みると両ウイルスとも細胞に侵入します。すでに人TfRを発現している人の細胞でも同様です。さらに、TfRに対する抗体はこれらの現象を阻止することから、犬パルボウイルス2型や猫汎白血球減少症ウイルスに感受性か否かは細胞がTfRを有しているかどうかに左右されているという結論です。

しかし、ウズラの細胞では接着し、侵入するだけで、ハムスターや人の細胞とは異なることから、侵入後の過程が鳥類と哺乳類細胞では異なり、感染成立には別な要因もありそうです。

犬パルボウイルス2型や猫汎白血球減少症ウイルスなどの自律増殖性パルボウイルスは分裂増殖を盛んにしている臓器を標的にします。子犬や子猫では新陳代謝の活発な骨髄やリンパ組織、あるいは腸管粘膜が主要標的となり、典型的な白血球減少症や下痢症が発現するわけですが、分裂しているこれらの細胞にはTfRが多いことが判明しています。

前回、猫白血病ウイルスなどの猫レトロウイルスの人への感染の可能性の話をしましたが、「猫白血病ウイルスは試験管内では人の細胞に感染する」という事実が存在する以上、猫白血病ウイルスの潜在的な危険性についてはどうしても否定できません。今回、犬や猫のパルボウイルスも人への感染の危険性については猫白血病ウイルスと同じレベルにあることが実験的に示されたわけですが、少なくても自身の経験から、またこの論文でも考察されているようにこれらのウイルスが人に感染し問題を起こしているようには考えられません。

たとえ人に感染したとしても、ウイルスあるいは宿主側の多くの要因により人間の伝播などは阻止されているのでしょう。下痢をしている犬や猫から排泄されているパルボウイルス自身が危険というより、そのような動物の糞便には有害な他の病原体も含まれているということであり、「獣医師は危険な職業である」という点を再認識して欲しいと思います。（*SAC* 誌　第124号、2001年9月）

参考文献

1）Parker, J. S. L. et al., Canine and feline parvoviruses can use human or feline transferrin receptors to bind, enter, and infect cells. *J. Virol.*, 75:3896-3902, 2001.

犬パルボウイルスの進化のメカニズム

キーワード：猫パルボウイルス、犬パルボウイルス、トランスフェリンレセプター、パルボウイルスの進化、犬パルボウイルスの祖先

犬パルボウイルスが突如として地球上に出現したのは1970年代の後半です。当時の犬と犬科動物は全く免疫学的抵抗性がなかったために、半年ほどの間に世界中に広まり（パンデミック、あるいは汎発流行）、多数の動物が死亡しました。多くの研究者が犬パルボウイルスの起源について研究を開始しましたが、「猫パルボウイルスあるいはそれに近縁のウイルスから変異して出現したらしい」というところまでしか詰められていません。

最初に出現した犬パルボウイルスは「2型」といいます。これは、1960年代に犬から最初に発見されたパルボウイルスである「犬微小ウイルス」（minute virus of canines）を「1型」とするために「2型」とされています。その後、抗原性が少し変異したウイルス型が出現しています。いわゆる「2a型」とか「2b型」と言われるウイルスです。「2型」は自然界から全く姿を消しています。

最近、コーネル大学の研究グループによって、犬や猫のパルボウイルスがトランスフェリンレセプターを介して細胞に侵入していることが明らかにされました。そして、このレセプターを考えに入れることによって新しい犬パルボウイルスの進化の仮説が公表されていますので簡単にご紹介します（参考文献1）。

1）相変わらず元になるパルボウイルスの種は不明です。

2）猫パルボウイルスとその仲間のウイルス（猫汎白血球減少症ウイルス、ミンク腸炎ウイルス、あるいはアライグマパルボウイルス）は猫に感染して病気を起こしますが、犬や犬の細胞には感染することができません。猫のトランスフェリンレセプターには結合できますが、犬のそれには結合できないからです。

3）1976 年から 1978 年にかけてウイルスのカプシド蛋白遺伝子のなかに変化が起き、猫パルボウイルスより少し犬パルボウイルスに近い「犬パルボウイルスの祖先」が出現しました。変異は 5 か所に現れましたが、特に 93 番目と 323 番目のアミノ酸の変異がポイントになりました。犬トランスフェリンレセプターに結合できるために、犬の細胞にも犬にも感染します。このウイルスは依然として猫のトランスフェリンレセプターに結合し、猫の細胞に感染しますが、このウイルスから進化し、最初にパンデミックな流行を起こした「2 型」ウイルスは猫への感染力を喪失していました。

4）この「2 型」ウイルスの天下は 1978 年から 1980 年頃までと短期間で、「2 型」進化の出発点になった「犬パルボウイルスの祖先」からさらに別のウイルスが追いかけてきたのですが、「2 型」はそれを知るよしもありません。

5）追いかけてきたのは、後に「2a」型と称され、1979 年ころから犬間に広まった、より進化した犬パルボウイルスです。カプシド蛋白遺伝子にさらに 3 カ所変異が起きており、犬細胞でより効率的に増殖できるようパワーアップしています。そのために先行していたスローな「2 型」ウイルスは駆逐されてしまいました。

6）この「2a 型」と、さらにその後に現れた「2b 型」ウイルスはふたたび猫にも感染する能力を獲得し、現在、犬と猫に感染して病気を起こしています。

7）犬パルボウイルスは未だに変異を続けているらしく、イタリアなどのヨーロッパ地域や日本を含むアジア地域で、いろいろな変異をしたウイルスが発見されています。さらに大きな変異の予兆かどうかは不明です。

次はどのような姿になって我々を驚かしてくれるのか、これからもパルボウイルス狩りが必要です。

参考文献

1）Hueffer, K. and Parrish, C. R., Parvovirus host range, cell tropism and evolution. *Current Opinion in Microbiol.*, 6: 392-398, 2003.

第７章

犬にもウイルス性肝炎がある

犬の伝染性肝炎は人にはうつらない

キーワード：犬伝染性肝炎、犬伝染性喉頭気管炎、犬アデノウイルス、ブルーアイ、犬好酸細胞性肝炎、肝細胞癌

犬のアデノウイルスには２種類あります。１つは「犬伝染性肝炎」という病気を起こす犬アデノウイルス１型、もう１つは「犬伝染性喉頭気管炎」という呼吸器病を起こす犬アデノウイルス２型で、１型より後で発見されました。犬伝染性肝炎は犬のコアウイルス病ですが、２型による呼吸器病は違います。この２種類のウイルスは抗原型別ですが、共通抗原性を利用して、現在はより安全性の高い２型ウイルスをワクチンにすることで、両方の病気を予防しています。

経口・鼻感染により侵入した犬アデノウイルス１型は扁桃で増殖後、ウイルス血症により全身に播種されます。主要な標的器官は肝臓と血管内皮です。甚急性型は数時間の経過で死亡することがあり、中毒と間違える場合もあります。急性に経過するのが普通で、肝炎により腹部疼痛、下痢、嘔吐などを呈し、時に黄疸が認められます。血管内皮が破壊されるために出血傾向が高まり、血便や体腔内出血が起きます。犬ジステンパーウイルスなどの混合感染を受けると回復が遅れたり、慢性に移行しますが、そうでなければ１週間位で回復に

向かいます。回復期には前部ブドウ膜炎と混濁を伴った角膜浮腫（ブルーアイ）が認められることがあります。

犬のこの有名な肝炎は典型的な急性ウイルス感染症です。肝細胞の破壊に伴って各種酵素活性が上昇しますが、回復し始めると元に戻ります。ウイルスが肝細胞にとどまることは稀のようです。人のウイルス性肝炎のように、将来、肝癌などの原因になっているような証拠はありません。腎臓には半年以上も持続感染しますが、泌尿器系症状が現れることは少なく、尿中にウイルスを排泄します。

この排泄されたウイルスに接触することで他の犬に容易にウイルスが伝播していきます。米国で猫が感染していたという話を大昔に聞いたことはありますが、人に感染したという話も、人の病原体になっていたという話もありません。しかし「犬の尿」は大変危険なものであることと、犬アデノウイルス感染症はワクチンでほぼコントロールできるウイルス病であることはお忘れなく。

犬には別な「ウイルス性と考えられる肝炎」があります。「犬好酸細胞性肝炎」（canine acidophil cell hepatitis）と呼ばれています。猫白血病ウイルスを初めて発見したグラスゴー大学の Bill Jarrett らによって本病の存在が明らかにされました（参考文献 1、2）。この病気はその後追試されることがないために不明な点ばかりですが、罹患犬の肝臓乳剤濾液により病気が伝達できていますし、犬アデノウイルス 1 型と 2 型の関与も否定されている「濾過性病原体」による肝炎です。感染が原因で急性～慢性肝炎、肝硬変、そして場合によって肝細胞癌へと進行すると考えられています。現在のところ病理組織学的にしか診断できません。もし皆様の周りで、犬に慢性肝炎、肝線維症、肝細胞性の癌などが「伝染病的」に発生しているようでしたらこの肝炎を思い出して下さい。

参考文献

1）Jarrett, W. F., and O'Neil, B. W., A new transmissible agent causing acute hepatitis, chronic hepatitis and cirrhosis in dogs. *Vet. Rec.*, 116: 629-635, 1985.
2）Jarrett, W. F. et al., Persistent hepatitis and chronic fibrosis induced by canine acidophil cell hepatitis virus. *Vet. Rec.*, 120: 234-235, 1987.

人の新型肝炎ウイルスの遺伝子が犬にも見つかった

キーワード：人肝炎ウイルス、TTV、犬の肝炎ウイルス、猫の肝炎ウイルス、エマージング感染症、サーコウイルス、バイオテロリズム、ニパウイルス

エマージング（新興）感染症という言葉が紙上によく見られるようになったのは1990年代になってからと記憶していますが、起点が定まっていないのですから有史以前から出たり消えたりしているのでしょうね。それからゾーノーシス（人獣共通感染症）という言葉も同様でしょう。社会の変化（生活水準の上昇に伴う公衆衛生の発達、趣味や余暇の過ごし方の多様化など）に伴い最近は以前にもまして意識するようになりました。開発途上の国々においては犬や猫が周囲を徘徊し、排泄物がそこらじゅうに落ちていても、今彼等が直面している生への執着に比べればその潜在的危険性などはないに等しいのかもしれません。

セプテンバーイレブン（9.11）以来、米国内の炭素菌事件から始まる眼に見えない微生物に対する恐怖はバイオテロリズムという言葉もより身近に意識させるようになりました。直後に警察関係の方が来訪され「炭素菌の次に一番使われる可能性がある微生物は？」という質問には閉口しましたし、同じ頃、日本ウイルス学会で初めてバイオテロリズムに関する討論集会が開かれました。米国微生物協会誌の最近号にも生物兵器となるウイルスの条件などが論説されるなど、不穏としか言いようがありません（参考文献1）。余談ですが、2001年のニューヨークのテロ以後、ポルシェ911オーナーは肩身が狭いという話もあります。

ここでとっておきの犬や猫のウイルスを使った生物兵器の作り方を伝授するつもりはありませんが、自然界で犬や猫が狂犬病ウイルスなどのレゼルボア（病原巣）とな（ってい）るが故に、一概に「彼等は危険」と誤解されるとしたら残念なことです。宿主特異性の低い細菌や内部寄生虫などの寄生体は昔から（おそらく犬や猫の祖先が出現した時点から）連綿と引き継がれてきており、特に最近増えてきているわけではありません。

狂犬病ウイルス以外にペットから感染する危険性が高いウイルスもないわけ

ではありませんが、大切なことは獣医師だけではなく、広く一般の人々も真実を正しく理解し、危険を回避する術を身につけることでしょう。ただしこれはすでに明らかにされている、少し酷な言い方をしますと、人が感染発病し、時に死亡することでその危険性がインプットされているものに限られます。

一番悲惨なのは、これまで誰も想像さえしなかった状況下で事件が起き、人類が１つ賢くなるための、その歴史に最初に立ち会った人々でしょう。例えば、1998年から1999年にマレーシアで豚から伝播したウイルスで何人もの人が死亡しています。現在、ニパ（Nipah）ウイルスと呼ばれている新種ウイルスですが、厚さが5.4 cmもある最新のウイルス分類学の本にも、何百ギガを誇るコンピューターの記憶デバイスの中にもこのウイルスの影形は見つかりません。事件が起きて初めて知られることになります。

さて、今回ご紹介する文献情報は今後どのような展開になるか想像がつきませんが、ある意味では突然襲来したわけではなく、人間の方が事前にその存在を察知したわけですから獣医臨床上だけでなく公衆衛生上も大きな問題にならないことを祈っています（パソコンのアンチウイルスソフトが不穏な動きを検知して警告を発してくれた状態ですね。できれば「解決しますか？」と聞いてくれると楽ですが。我々が古い疫学データに基づいてワクチンを作っても役に立たないように、ウイルス定義は常に最新に更新しておかないとだめですよ）。

そのウイルスはTTウイルス（TTV）といいます。恥ずかしながら、つい最近までTTVのことはほとんど知りませんでした。ある学術雑誌から論文審査を依頼され初めて、そして今回このウイルスが人やチンパンジー、鶏、牛、豚、羊だけでなく犬や猫にも感染しているらしいことを知りました（参考文献２）。TTVは日本で初めて発見された、多分、新種の肝炎ウイルスで、TTは患者の姓名の頭文字です。

肝細胞に親和性を有し、肝炎の原因となるウイルスを「肝炎ウイルス」と言います。全身感染の一部として肝に感染するウイルスというよりも主として肝を侵襲するウイルスの総称です。猫にはありませんが、犬には伝染性肝炎ウイルス（アデノウイルス１型）と犬好酸細胞性肝炎ウイルスの計２種類の肝炎ウイルスがあります。人ではA型からE型までの５種類、非A-E型肝炎ウイルス、G型肝炎ウイルス、そしておそらくこのTTVの計８種類が知られています。

TTV は既存の鶏貧血ウイルスやオームの嘴・羽毛病ウイルスなどのサーコウイルス（Circovirus）に近く、「TTV は人から発見された最初のサーコウイルスで肝炎の原因になっているらしい」というこれまでの知見に加えて、犬（検査した８頭中２頭）と猫（７頭中３頭）の血液中にウイルスゲノムが見つかり、遺伝学的特徴から、プロトタイプの人 TTV とは異なり、「犬 TTV」、「猫 TTV」とみなされると述べています。検査した犬や猫の年齢は 10 歳以上で相互に無縁の家庭内飼育歴です。

ウイルス粒子として発現される？　水平伝播する？　犬や猫の病原体になっている？　人の病気へ関与している？　等々、未だ不明な点ばかりです。豚や犬に感染しているレトロウイルスのように同じウイルス仲間でも宿主によっては病原体になっていない場合もある一方、サル B ウイルスの人感染のように、ウイルス病の予期せぬ恐ろしい結末が異種間伝播に原因することもよくあります。TTV の今後の解明が待たれます。（*SAC* 誌 第 128 号、2002 年９月）

参考文献

1）Peters, C. J., Many viruses are potential agents of bioterrorism, *ASM News*, 68: 168-173, 2002.
2）Okamoto, H. et al., Genomic characterization of TT viruses（TTVs）in pigs, cats and dogs and their relatedness with species-specific TTVs in primates and tupaias. *J. Gen. Virol.*, 83: 1291-1297, 2002.

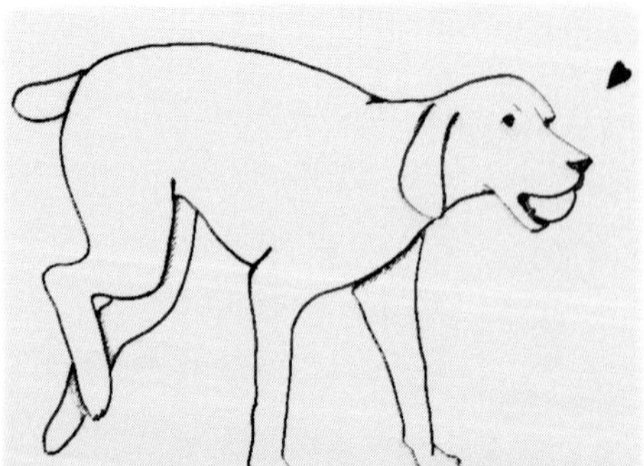

第8章

犬小屋の咳？

犬にとって一番恐いのはやはり犬

キーワード：犬の風邪、ケンネル・コフ、犬の気管気管支炎、犬パラインフルエンザウイルス２型、犬ヘルペスウイルス、犬アデノウイルス２型、レオウイルス、気管支敗血症菌、ボルデテラ菌

人や犬、猫、あるいはその他のペットがひとつ屋根の下で暮らせば病原体もたくさん集まってきます。寄生虫や細菌、マイコプラズマ、クラミジア、原虫などのように比較的に宿主特異性の低い寄生体は相互に感染を起こす危険性があります。特に動物から人へ病原体が異種伝播し病気を起こすものを「人獣共通感染症」（ゾーノーシス）として公衆衛生上の注意が必要です。

ウイルスの場合は宿主特異性が強いために簡単には種間伝播の原因にはなりません。たしかに、密度の高い接触を動物間で行えば、ウイルスが偶然に細胞の中に取り込まれる場合もあるでしょう。しかし、多くの場合は気付かれることなく終始してしまい、後で血清疫学的に調査すると、犬の○○ウイルスに対する抗体が人に見つかったというような結果で知ることになります。

ウイルスが細胞内に侵入して、物理的あるいは生化学的に多くの細胞機能を損ねると異常が出てきます。我々はそれを「病気」として認識します。人や動物が集まる場所ではウイルスも集まりますが、やはり感染源として恐いのは、

人では人、犬には犬、ということになります。

家族がインフルエンザに罹って苦しんでいても、犬や猫は感染することはあっても症状を出すことはこれまでありませんでした（今後インフルエンザウイルスが大きな変異をして犬や猫の病原体になる可能性は否定できませんが)。それでは彼等は「風邪」をひかないのかと言うとさにあらず、犬や猫は人に感染しない、別のウイルスによって「風邪」をひき、こじらせ、場合によっては肺炎を起こし、苦しい思いをしています。

犬には犬ジステンパーウイルス、猫には猫ヘルペスウイルスや猫カリシウイルスなど、単独感染でも重篤な呼吸器病を起こすウイルスがありますが、それらよりも病原性が弱く、単独感染では病原体にはなりにくいウイルスや細菌も呼吸器病を起こしています。

その１つが犬では「ケンネル・コフ」という風邪症候群です。猫にはそれ

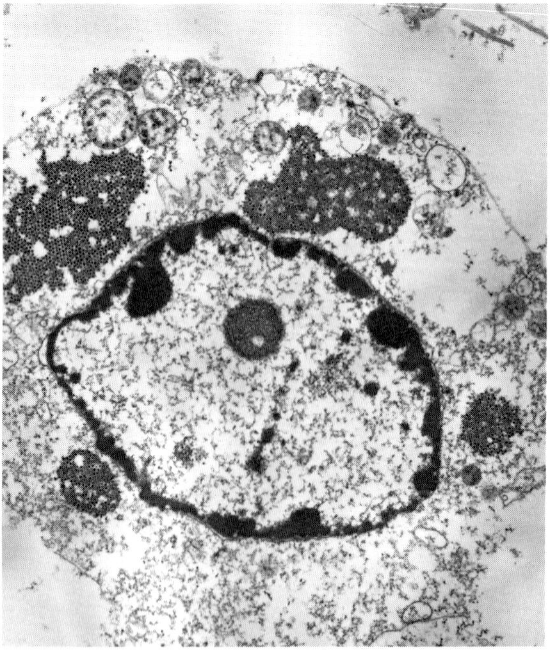

レオウイルス

に該当するようなものはこれまで報告されていません。ケンネルは「犬小屋」の kennel、コフは「咳」の cough です。「気管気管支炎」とか「風邪症候群」などと表現される場合もありますが適当な邦訳がありません。犬が一か所に、例えばペットホテルや野犬収容施設に集められるとお互いに病原体を持ち寄ります。１つ１つのウイルスや細菌が健康な犬に対しては病原体として働かなくても、複合して感染すると感染の影響が現れて発病します。

多くの犬はそれまで単独で、あるいは親兄弟と仲良く生活していたものが、信頼する飼い主から見放され（たように感じ）、周囲には見知らぬ犬ばかりでストレスを受けることになります。その結果、免疫機能が抑制され、病原体にとってはなおさら好都合の状況になります。それらの施設では入れ替わり立ち替わり動物が出入りしますので「犬小屋の咳」は止まることはありません。

犬パラインフルエンザウイルス２型、犬ヘルペスウイルス、犬アデノウイルス２型、レオウイルス、マイコプラズマ、気管支敗血症菌（*Bordetella bronchiseptica*）などが代表的な病原体です。犬パラインフルエンザウイルス２型、犬アデノウイルス２型、あるいは気管支敗血症菌は単独でも病原体として動いているようです。

風邪のひき初めは身体を暖めなさい

キーワード： ヘルペスウイルスの全身感染、犬ヘルペスウイルス、温度感受性（*ts*）変異株局所投与用生ワクチン、猫伝染性腹膜炎ワクチン、FIP、猫カリシウイルス、猫ヘルペスウイルス、ウイルス性間質性肺炎、IgA 抗体

犬ヘルペスウイルスは成犬にとっては単なる風邪の原因ですが、新生犬にとっては極めて危険な致死性ウイルスに変わることがあります。このウイルスは一般に 37 ～ 38℃というほ乳類の体温は好みません。それより４～５℃ほど低い温度が増殖には適しているようです。鼻孔から鼻道、喉頭、気管、気管支、肺胞と続く気道は入り口部分の鼻粘膜が深部に比べて低体温で、犬ヘルペスウイルスにとって望ましい環境です。ウイルスはここで増殖します。

増殖したウイルスは気道を伝わって奥へ奥へと感染を広めようとしますが、体温が高くなるにつれて思うようにはいかなくなり感染がストップします。結

果として犬ヘルペスウイルス感染は上部気道感染症に終始します。しかし、もし、気管支や肺胞粘膜細胞部分の体温が下がっていたらどうでしょうか？　ウイルスは「しめしめ」と思うかどうか知りませんが、それらの粘膜細胞で増殖して肺炎などのより重篤な呼吸器病を起こす可能性が出てきます。さらに、呼吸器官だけにとどまらず血液を介して全身に播種され、全身の細胞でウイルスが増殖、多臓器機能不全により死亡することになります。新生犬が夜鳴きして身体を触ると痛がるような時にはこのケースを疑って下さい。

ヘルペスウイルスですから感染源は多くの場合、持続感染している母犬や同居犬です。母犬にとって出産や、特に授乳はストレスです。そのために、普段は持続潜伏感染していて発病もウイルス排泄もしていないのに、ストレスによる免疫抑制のため中枢神経系に潜伏していたウイルスが再活性化されます。神経軸索を下行し、神経支配粘膜細胞で増殖、呼吸器分泌物中に排泄されてこれが子犬にうつります。何らかの理由で子犬の体温が下がっているとウイルスは身体の奥へ侵行を開始します。

一般に猫ヘルペスウイルスには肺炎起病性はありませんが、条件が整うと、上記のような傾向が猫ヘルペスウイルスでも少なからず存在します。猫の同じ上部気道感染症の病原体である猫カリシウイルスは体温変化の影響を受けにくく、ウイルス性間質性肺炎を起こす唯一の猫のウイルスとなっています。

犬ヘルペスウイルスが犬繁殖コロニーに入り込みますと、持続感染個体が少しづつ増加し、いつのまにか蔓延して取り除くことが困難になります。新生犬の死亡だけでなく、死産や流産などの繁殖障害も起きてきます。一番の管理法はそのような犬を摘発し繁殖に用いないことです。次善の策は母犬に高度免疫を付与しておけば母子免疫により子犬が防御されます。そして何よりも、身体を冷やさないことです。

このウイルスの特徴を逆手に利用したのが温度感受性（*ts*）変異株ウイルスを用いた局所投与用ワクチンです。本来は深部体温で増殖する病原ウイルスを試験管内で無理矢理に低温順化させます。鼻粘膜面の低温度で何代も継代し、この温度でのみ増殖できるウイルスを作出します。そうすると、実際に鼻に噴霧接種した場合、鼻粘膜細胞では増殖してもそれより体深部には侵入できませんので、局所感染で終息します。その結果、局所に、特に粘膜 IgA 抗体によるウイルス特異的免疫が記憶されます。また、遠隔地のリンパ節にも感作リンパ球を介して情報が伝達されるようです。野外で流行している同種ウイルスに次に暴露すると、ウイルス感染防御線が鼻粘膜面に敷かれ侵入ウイルスをそこでくい止めるというシナリオです。

これまで猫や牛のヘルペスウイルス 1 型のよる呼吸器病の予防や、猫伝染性腹膜炎（FIP）コロナウイルスの感染予防用に臨床応用されています。猫ヘルペスウイルスの場合、ワクチンウイルスによる軽い発病のために敬遠されていましたが、米国ではワクチン接種部位肉腫の心配から使用する獣医師が最近は増えているようです。一方、FIP の予防用ワクチンとしては有効性の点で今ひとつ支持がありません。このタイプのワクチンは血中抗体の干渉を受けません。接種後直ちにインターフェロンによる非特異免疫も期待できます。そして、特異免疫の成立も非経口投与型ワクチンよりも迅速です。

最後に一言ご忠告申し上げます。現在一般に使われている非経口投与型の猫のヘルペスウイルスとカリシウイルスのワクチンは、生ワクチンとして弱毒化されているといっても、猫の鼻接種用には使えませんので決して流用しないでください。発病します。

時には病原性も変えて、寄ってたかって弱いものいじめ

キーワード：輸送熱、肺腸炎、牛ヘルペスウイルス 1 型

ケンネル・コフのような状況は他の動物でもあります。例えば、牛では「輸送熱」という病気です。牛を放牧などのために遠隔地の牧場へ移送すると、慣れない車と見知らぬ同居個体のもたらすストレスのために病原性の弱いパラインフルエンザウイルスやアデノウイルス、マイコプラズマなどが呼吸器病を起こします。呼吸器病だけでなく、時には下痢を併発することも珍しくなく、「肺腸炎」と表現される場合もあります。身体的にも精神的にもまいっている時に起こるこれらの弱いものいじめ的な病気は、見渡せば我々の周りにもありそうですね。念のために、「風邪」は感染症であって、「身体が冷える」ことは誘因にはなっても原因ではありません。感冒であって寒冒ではありません。

ところで、このような集団飼育環境においては、ウイルスがより多くの標的

を獲るために病原性を変化させることがあります。内部臓器に感染しているよりは、外部とつながっている気道や消化管に感染して、ウイルスを感染早期から大量に排泄させ、周囲にばらまくという戦略はしたたかとしか言いようがありません。

例えば、猫ヘルペスウイルスの仲間の牛ヘルペスウイルス１型は、昔、ヨーロッパの地方病として存在していました。牛は単飼い、ないしは少数飼育されていたために、牛ヘルペスウイルスは主に交接感染で伝播し、生殖器病を起こしていました。アメリカ大陸発見後、移住民が牛を食料として持ち込み、あの広い荒野で飼育を始めました。いわゆる「フィードロット方式」です。数千から数万、時にはそれ以上の子牛を各地から１か所に集め、集中管理飼育を開始したわけです。当然ながら牛ヘルペスウイルスも群中に入りましたが、これまでのような伝播経路では子牛故？に効率が悪いので戦術を変えました。「くしゃみ一発で広まろう」と呼吸器を標的にして形成された病気が、現在、牛ヘルペスウイルス１型感染症の主病型となっている「牛伝染性鼻気管炎」です。今では単独のウイルス病として日本国内でも発生しています。ちなみに、このウイルス病は米国から輸入されました。

特異的なワクチンと非特異的防御処置

キーワード：インターフェロン、ケンネル・コフ

犬や猫が１か所に集まることで感染の機会が増す危険にはどのように対処すべきでしょうか？ 「君子危うきに近寄らず」が最善であることは言うまでもありません。特に６か月齢以下の動物でコアワクチン処置が済んでいない場合はなおさらです。

犬パラインフルエンザウイルス２型ワクチンは犬の５種、６種、あるいは８種混合ワクチンに含まれていますので、これらのワクチンの使用によってある程度の防御効果は望めます。気管支敗血症菌のワクチンを使用している国もありますが、今のところ国内では臨床応用されていません。

しかし、上述のように主な病原体は特定されてはいるものの、他にも雑多なウイルスや細菌などの微生物が混合感染するのが特徴ですから、これら全てに

ワクチンで対応することはできません。したがって、非特異的な防御が期待できるインターフェロンのような薬剤がより理にかなっていると言えます。どうしても犬や猫を預けなければいけないのでしたら、動物病院で相談してみて下さい。ワクチンの効果は接種翌日には期待できませんが、インターフェロンは直ぐに役に立ちます。しかし、ワクチンのようには長く続きませんから、長期にわたるようでしたら追加投与も必要です。

理論的には、もし単独飼育の犬を預けて不運にも「犬小屋の咳」になってしまっても、自宅に連れ帰って家族の顔をみて、王女さま王子さまよろしくの元の生活に戻れば、回復し、再発することは少ないでしょう。これは「施設の病い」ですから。

第９章

人と猫と犬のロタウイルス

ロタウイルスは乳幼児下痢症の重要な感染性因子

キーワード：ロタウイルス、下痢症、非細菌性食中毒、人カリシウイルス、ノロウイルス、サポウイルス

人の下痢症ウイルスとして有名だったのはポリオウイルスやアデノウイルスでしたが、現在ではカリシウイルスやロタウイルスなどが注目されています。ノーウォークウイルス（ノロウイルス）やサッポロウイルス（サポウイルス）で代表されるカリシウイルスは、主に非細菌性食中毒の原因として重要です。汚染した牡蠣などの生食により感染します。以前は食中毒といえばサルモネラ菌やビブリオ菌などが主役でしたが、最近は原因ウイルスの解明が進み、診断に必要なハードとソフトが各地の保健所や衛生研究所に整備されるに伴ってこれら非細菌性食中毒がマスコミで取り上げられる機会が増えています。これらの人カリシウイルスと同じようなウイルスと思われる遺伝子の一部や類似ウイルスが犬や豚、牛などにも発見されています。河川や飲料水の汚染原因の１つになっている可能性は否定されていませんが、その意義については今後の解明を待たなければなりません。

一方、ロタウイルス（A群ロタウイルス）は冬季に流行する嘔吐や下痢を病徴とする人の急性下痢症の最も重要かつ高頻度の病原体で、６か月齢から２歳

齢までの乳幼児は重症となり入院加療が必要といわれています。ロタウイルスは最初、動物の下痢症病原体として発見され、馬、牛、豚、羊、鶏、マウスなど多くの動物種に見つかっています。これらの動物では、人と同じく幼若齢動物に下痢を起こし、場合によっては死亡するほど重篤な症例もあり、牛や豚ではワクチンが使われ始めています。

その後、犬や猫にも同じようにロタウイルスが糞便中に見つかりましたが、下痢症に伴って検出される時もあれば、健康な動物の糞便中にも見つかります。分離ウイルスを実験的に犬や猫に感染させても有意な異常も起きないことから、臨床上の重要性は低いと考えられています。

最近になってちょっと気になる報告があります。以前、乳幼児がロタウイルスによる脳炎で死亡したケースがあったようにうろ覚えしていました。なぜそのようなことが起きるのか不思議に思っていましたが特に調べることもなくそのままにしておきましたところ、人や動物のロタウイルス感染症でやはりロタウイルスが腸管から外へ（体内へ）広がって、ウイルス（抗原）血症を高率に起こしていることが言われ始めました（参考文献 1、2）。

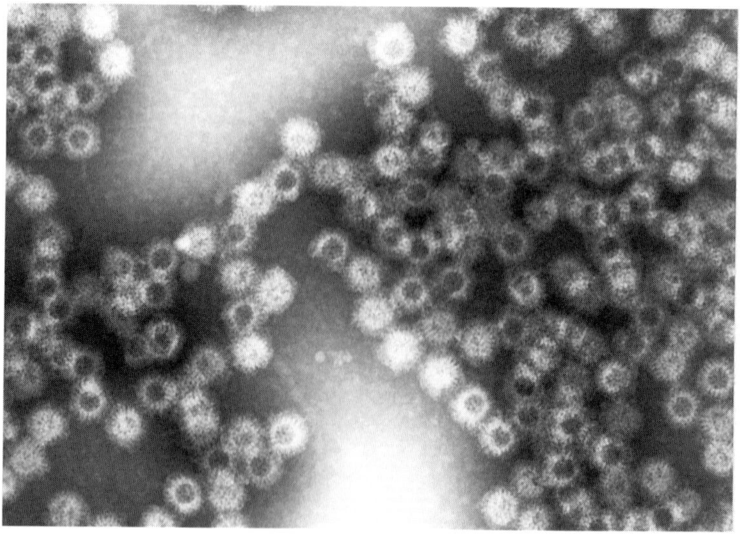

ロタウイルス

急性ロタウイルス感染症は嘔吐と下痢による脱水に対する管理が最重要課題です。加えて、若齢動物や乳幼児の高死亡率は混合感染因子の影響も考えられてきました。例えば、牛や豚では大腸菌感染などに対する対策です。しかし、ロタウイルスが血流にのって全身をまわっているのであれば、ロタウイルス感染症の新たな臨床的および病理学的対応が必要になってきます。

参考文献

1) Blutt, S. E. et al., Rotavirus antigenaemia and viraemia: a common event? *Lancet,* 362: 1445-1449, 2003.
2) Lynch, M. et al., The pathology of rotavirus-associated deaths, using new molecular diagnostics. *Clin. Infect. Dis.,* 37: 1327-1333, 2003.

遺伝子型によるロタウイルスの分類

キーワード： ロタウイルス、ロタウイルスの電気泳動型、RNA-RNA ハイブリダイゼーション、ロタウイルスの遺伝子型（ゲノタイプ）

ロタウイルスは分節状のゲノムで、11分節からなっています。大きさの違いから、ポリアクリルアミド電気泳動法によって分離され異なった泳動パターン（電気泳動型 electropherotype）が出現します。しかし、このゲノム電気泳動パターンはいわば指紋のようなもので、株間の区別は可能でも、人に感染するロタウイルスと、動物に感染するロタウイルスを区別することはできません。ウイルス粒子を構成している蛋白でも同様に区別することはできません。

例えば、「猫パルボウイルス」のパルボウイルスの前になぜ「猫」と冠して呼ぶことができるのでしょうか？　猫から分離されたからですか？　同じような抗原的あるいは遺伝的特徴を有するパルボウイルスは他の動物から分離されませんか？

例えば、レオウイルスは「哺乳類レオウイルス」と「鳥類レオウイルス」に大別されますが、人から分離されるレオウイルスも猫から分離されるレオウイルスも、あるいは牛から分離されるレオウイルスもみんな同じような抗原性（1～3型）を有しており、一言で言えば「区別できません」。だから「哺乳類」と冠しています。ロタウイルスも同じなんでしょうか？

秋田大学医学部の中込　治教授（現在、長崎大学医学部病態分子疫学教室）は各種動物由来ロタウイルスをRNA-RNAハイブリダイゼーション法という方法で分類を進めました（参考文献1、2)。ハイブリダイゼーションというのは「交雑形成」といいます。ちょうどジッパーの左右のようなもので、もし2本の遺伝子のヌクレオチドの並び方が相補的に同じであれば、完全に閉じて1本になります。しかし齟齬がある部位は閉じません（交雑しません）。この差を利用してロタウイルスの11本の分節遺伝子間の近縁度を調べました。

その結果、人、牛、豚、馬、犬、鳥、あるいは猫などから分離されたロタウイルスは各々由来する動物種特異的に区別することができるということが判明しました。遺伝子型(ゲノタイプ genotype)として分類できます。平たく言えば、「人ロタウイルス」とか、「犬ロタウイルス」と動物名を付けることができます。

これは各々の動物種の進化の過程において、ロタウイルスも各々の動物種に感染をくり返すことで特異的に進化してきたことを示しています。

参考文献

1) 中込　治、ウイルスの種間伝播と進化（5)、ロタウイルスの話、*SAC* 誌、128号、4～17頁、2002年
2) Nakagomi, O., and Nakagomi, T. Interspecies transmission of rotaviruses studied from the perspetive of genogroup. *Microbiol. Immunol.*, 37: 337-348, 1993.

人と猫と犬のロタウイルスが過去に犯した禁断？

キーワード：ロタウイルス、ロタウイルスの遺伝子型（ゲノタイプ）、種間伝播、遺伝子組換え、遺伝子再集合

それだけでしたら、ロタウイルス分類法の1つで終わるのですが、話はこれからがおもしろいのです。この技法を使いますと、異なった遺伝子型（ゲノタイプ）ロタウイルス間の遺伝子レベルでの関係を読み取ることができました(参考文献1、2、3)。

まず、ロタウイルスが動物種の壁を越えて伝播した場合どの動物から伝播してきたかが判ります。動物種特異的にロタウイルスを区別できますから、牛から検出したウイルスなのに鶏の遺伝子型であれば極めて高い信頼性で鶏から牛

に「種間伝播」した結果であるといえます。

さらには、自然界における遺伝子組換え現象も解析できます。例えば、AとBという２種類のロタウイルスがある動物にたまたま同時に感染しますと、１つの感染細胞の中で起きるお互いの複製の過程で各々の11本の遺伝子の一部が交換されることがあります。この現象は「遺伝子再集合」(genetic reassortment）といいます。親ウイルスとは異なった遺伝子を持った子ウイルスが出現してきます。これは分節状のゲノムを持つウイルス間で起きる現象で、インフルエンザウイルスが有名です。この組換えインフルエンザウイルスは「新種」ですから、これまで「香港風邪」や「ロシア風邪」などと呼ばれ、10年くらいの間隔で世界的な大流行（パンデミック）を起こしています。

人のロタウイルスはWa、DS-1、AU-1という３つのゲノグループに分類されます。そのうちのわずか1%を占めるAU-1ゲノグループのロタウイルスは、FRV-1とFRV64という２つのゲノグループからなる猫のロタウイルスの１つ、FRV-1ゲノグループと同じ遺伝的特徴を示します。すなわち遺伝的に同じ背景のロタウイルス集団が人と猫の違う動物種に同時に存在します。これはこのゲノグループに属するロタウイルスが過去において種の壁を越えて感染し、方向は判りませんが、人あるいは猫の間で各々感染をくり返してきたか、あるいは、現在でも猫から人に種間伝播して子供に下痢を起こさせ病院で検知されている、のどちらかになります（参考文献3)。

猫のもう１つのFRV64ゲノグループに属するロタウイルスは犬の唯一のゲノグループであるK9ゲノグループのウイルスと同じです。K9/FRV64種間ゲノグループを自然界で形成しているということになります。すなわちこれは、犬と猫という種の壁を（猫から犬か、犬から猫かは判りませんが）越えたロタウイルスがあって、それが両方の動物種内で現在まで維持されているのか、あるいは今でもこれらのロタウイルスには種の壁はないも同然に相互に行き来しているのでしょうか？　中込　治教授が指摘しているように、ロタウイルスの種間伝播が細胞表面のウイルスレセプターなどの生物学的障壁よりも感染の機会の密度に大きく影響を受けているのかもしれません。このようなロタウイルスと動物種の特殊な関係は、この人、猫、犬間以外には見つかりません。

この優れた検証技法により世界中でこれまで２例、おそらく犬からロタウイルスが人に感染したことも判りましたし、開発途上国では牛や豚のロタウイルスがゾーノーシスとして重要であることも浮かび上がってきています。人のロタウイルス性下痢症の経済的損失は大きく、ワクチン開発は急務とされています。これらの知見はワクチン開発上非常に重要であることに疑いの余地はありません。

参考文献

1) Nakagomi, T., and Nakagomi, O. RNA-RNA hybridization identifies a human rotavirus that is genetically related to feline rotavirus. *J. Virol.*, 63: 1431-1434, 1989.
2) Mochizuki, M. et al., Hemagglutination activivity of two distinct genogroups of feline and canine rotavirus strains. *Arch. Virol.*, 122: 373-381, 1992.
3) 中込　治　他：ロタウイルス学からの展望，人ロタウイルスと猫および犬ロタウイルスとの不思議な関係，獣医畜産新報，52 号，922 ～ 926 頁，1999 年.

第10章

猫のコアウイルス病って何？

キーワード：猫のコアウイルス

猫のコアウイルスは、狂犬病ウイルス、猫汎白血球減少症パルボウイルス、猫ヘルペスウイルス、猫カリシウイルスの4種類です。狂犬病は日本国内には流行していませんので、実質的には残りの3つのウイルスがコアウイルスで、それによって起きる病気がコアウイルス病となります。いずれも猫、特に特異免疫のない子猫が感染すると死亡する危険性が高く、猫間のウイルス伝播も速いことから全ての猫にワクチンによる予防処置を講じる必要があります。

SAC 誌に掲載され、本章に抄録されたのは猫ヘルペスウイルスが1件、残り3件は猫カリシウイルスに関するもので、猫汎白血球減少症パルボウイルスに関するものはありませんでした。結果論ですが、この10年間における猫コアウイルス病の中の臨床現場における関心度の順位を示しているようです。

猫汎白血球減少症パルボウイルスも猫ヘルペスウイルスもDNAウイルスで、「安定」しており、起こされる病気もはるか昔からほとんど変化していません。加えて、猫汎白血球減少症パルボウイルスのワクチン、特に不活化ワクチンは20世紀における傑作ワクチンの1つといわれるほど優秀なワクチンです。猫ヘルペスウイルスのワクチンは完璧ではありませんが、現在の注射用ワクチンとしてこれ以上のものはありません。

猫パルボウイルスと猫ヘルペスウイルスには話題性がないというわけではあ

りませんが、病原ウイルスがあれこれと変化や出現して大騒ぎするよりはずっと歓迎される状況ではないでしょうか。

ウイルス学者は整理好き

キーワード：猫ヘルペスウイルス 1 型、猫ヘルペスウイルス 2 型、猫の下部尿道疾患、尿石症、猫細胞結合性ヘルペスウイルス、牛ヘルペスウイルス 4 型

「猫のヘルペスウイルス（FHV）にはいつも FHV-1 と数字の 1 が付けてありますがなぜ付いているのか？」「2 や 3 の付く FHV もあるのか？」「あるとしたらそれらはどんな病気を起こすのか？」という質問が学生さんや獣医師からありました。しかし、どこを調べてもそれは説明されていませんので、「もしかすると知らないのは自分だけかな」という他人に聞きにくい疑問かもしれません。

動物に感染するヘルペスウイルスの仲間はたいへん多く、1996 年の時点で 3 つの亜科に 66 種が分類され、その他に未分類として 49 種、合計 115 種がヘルペスウイルス科を構成しています。猫ヘルペスウイルス 1 は人の口唇に水疱を形成する単純ヘルペスウイルス 1（人ヘルペスウイルス 1）と同じアルファヘルペスウイルス亜科に属しますが、属は未定です。正式名は “felid herpesvirus1（FeHV-1）”、別名として “feline viral rhinotracheitis virus（猫ウイルス性鼻気管炎ウイルス）” と “feline herpesvirus 1” が登録されています。しかしどこにも FHV-2 だの FHV-3 という名前は見つかりません。

ちなみに犬のヘルペスウイルスも猫ヘルペスウイルス 1 と分類上は同じ階級に所属し、正式名は “canid herpesvirus1（CaHV-1）”、別名 として “canine herpesvirus” が登録されてありますが、別名にはなぜか 1 が付いていません。それに CHV-2 も CHV-3 もやはり見当たりません。

それでは他の動物のヘルペスウイルスではどうでしょうか。例えば、人では HHV-1 から -7 までの 5 種、馬では EHV-1 から -8 までの 8 種、牛では BoHV-1、-2、-4、-5 の 4 種、豚では PRV（オーエスキー病ウイルス）と SuHV-2 の 2 種が分類されています。最も連続番号の多いのはオナガザル類のヘルペスウイルスで、人獣共通感染ウイルスとして恐れられているヘルペスウ

イルス B から CeHV-15 までの 15 種があります。

残念ながら、犬と猫以外の動物種ヘルペスウイルスについては教科書程度の知識しか持ち合わせておりませんので、それぞれのウイルスのナンバリングの経緯については判りません。しかし一般的には発見順でしょうし、それに、-1 と付ける以上は -2 や -3 があるのだろうと考えるのは自然です。知る限りでは犬に病気を起こすヘルペスウイルスは CaHV-1 とオーエスキー病ウイルスの 2 種類です。それになぜ “1” を付けるのか不明です。ヘルペスウイルス研究者が整理好きなのか、それとも CaHV-2 と考えられる未公表の候補ウイルスがあるのかのいずれかでしょう。

猫もオーエスキー病ウイルスに感染しますが、それとは別に、猫のヘルペスウイルスについては多少思い当たるところがあります。それは 30 年前にコーネル大学から始まり、そこだけで行われていた（他の研究施設では確認がとれなかった）猫の下部尿道疾患（lower urinary tract disease：LUTD)、当時は尿石症（urolithiasis）という病名がよく使われていましたが、そのウイルス説を提唱した Fabricant 博士の一連の研究発表の中に “ FHV-2” が出てきました。

20 年以上も昔のことになります。この LUTD ウイルス説を検証しようとしたことがありましたが、何も得ることはできませんでした。そこで、この「ウイルス性 LUTD」に興味ある方のために 2 つの論文を紹介します。

一連の研究には、猫カリシウイルス、猫巨細胞形成（フォーミー）ウイルス、それから問題の FHV-2、別名、「猫細胞結合性ヘルペスウイルス」が登場してきます。いずれのウイルスも単独、あるいは混合感染させても、野外で起きている猫の尿石症を実験的には再現できませんでした。しかし、この FHV-2 は感染細胞培養内で増殖に伴って結晶を形成することが雑誌 Science に掲載されたこともあり、実にそれらしかったのです。

現在ではこの FHV-2 はその構成蛋白や遺伝学的性状から「牛の BoHV-4 に近縁のウイルスあるいはその仲間」となっています。BoHV-4 は猫の膀胱に潜伏感染するし、猫間にこのウイルスの自然暴露を示す抗体が存在することも指摘されています。BoHV-4 は感染牛のリンパ系組織に局在することから猫においても免疫系の機能を損なわせて、混合感染時には猫の LUTD の病因子の 1 つとして動いているのかもしれませんが、それ以上のことは判っておりません。

（SAC誌第103号、1996年6月）

参考文献

1）Fabricant, C. G., and Gillespie, J. H., Identification and characterization of a second feline herpesvirus. *Infect. Immun.*, 9: 460-466, 1974.
2）Kruger, J. M. et al., Genetic and serologic analysis of feline cell-associated herpesvirus-induced infection of the urinary tract in conventionally reared cats. Am. J. Vet. Res., 50: 2023-2027, 1989.

カリシウイルスは千変万化

キーワード：猫カリシウイルス、豚水疱疹ウイルス、サンミゲルアシカウイルス、猫カリシウイルスの抗原性変化、抗原連続変異スパイラル、ワクチン

「豚水疱疹」という口蹄疫に類似した豚の病気があります。豚水疱疹はカリシウイルス感染症で、1930年から1950年代にかけて米国とアイスランドで流行しましたが、それが最初で最後となり地球上には現存していません。1972年になってアシカの流産症例からサンミゲルアシカウイルスが発見され、昔、付近で豚間に流行した豚水疱疹ウイルスと類似していることが判明しました。さらに、サンミゲルアシカウイルスは豚水疱疹と類似した病気を豚に起こすことも実験的に明らかにされ、「豚水疱疹ウイルスは本来は水棲動物のウイルスで、サンミゲルアシカウイルスに汚染した生餌を豚に与えたことで豚に病気を起こし、本来豚という陸棲動物を宿主とするウイルスでなかったためなのか、流行終息とともに陸上から消滅してしまった」と言われています。

1970年代後半になって、それまではピコルナウイルスに分類されていた猫カリシウイルス、実際にはすでに野外には存在していない先ほどの豚水疱疹ウイルス、サンミゲルアシカウイルスが集まって「カリシウイルス科」が新設されました。その後、人に下痢症（非細菌性食中毒）やE型肝炎を起こす各種の人カリシウイルスとその類似ウイルス、下痢症や水疱性生殖器病の犬から分離されている犬カリシウイルス、あるいは近年問題となってきた兎の出血病カリシウイルスなど続々と新種が登場し、病原ウイルスとしてのカリシウイルスに注目が集まっています。同定が進んで分類されたウイルス、あるいはウイル

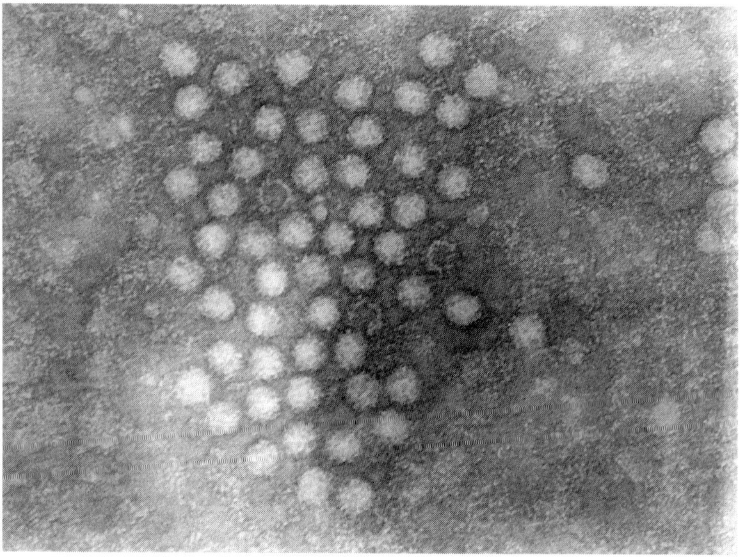

カリシウイルス

スの存在が突然に明らかにされたエマージングウイルスとさまざまです。

ところで少し話が外れますが、1998 年になって「クローン人間」の研究禁止が国内でも一段と取り沙汰されています。現在の遺伝子操作技術は大変に高度化し危険なレベルになってきています。もし、仮に悪用しようとする輩が出現するとどんでもないことになりかねません。

例えば、10 年程前に人免疫不全ウイルスが（アフリカから？）流行し始めた時、人免疫不全ウイルスは既存のウイルスから作り出された戦略的なウイルスであるということがまことしやかに言われた（出版もされた）ことがあります。ウイルスの構造は比較的に簡単ですので、倫理面に間違いがあると人類の滅亡につながる危険性があります。

たとえ人がウイルスを改造しなくても、ウイルスは自ら「宿主環境」に適応していき、時には全く新種として我々の前に出現することもあるようです。今回の主題は「猫カリシウイルスの抗原性の変化」、世界的に汎用されている猫カリシウイルスワクチン株（F9）と大きくかけ離れた中和抗原性を示す野外猫カリシウイルス株の顕在化とその対応です（参考文献 1）。この文献はページ数が少ない割には多くの引用文献にて猫カリシウイルスの歴史、臨床病型（呼吸器病、歩行異常症候群 limping syndrome、慢性口腔内疾患）、ウイルス解剖学、抗原性と毒力、それからワクチン戦略について解説し、最後に表題「猫カリシウイルス：ワクチンの改変は必要か？」に関する著者のコメントが述べられています。

発見後しばらくして猫カリシウイルス株の中和抗原性に多様性が認められることが判り、野外からの分離株が増えるたびに混乱をきたしました。一方で猫の呼吸器病予防の必要性から、窮余の策として、ワクチン株には「八方美人」的な株、すなわち全てに交差するわけではないものの、調べた株の多くとそこそこの交差抗原性を有する F9 という株が採用され、猫ヘルペスウイルスと組み合わされワクチンとして約 20 年間、多くの国々で用いられてきました。

しかし、1990 年代に入って呼吸器病の猫からの猫カリシウイルス分離率が猫ヘルペスウイルス分離率に比べてより高くなっていること、分離株の中には F9 株と中和抗原性が大きく異なるものがあること、予防接種済みの猫でも猫カリシウイルスのキャリアーになることが多く、時には発症することなどが報告され始めました（猫カリシウイルスワクチン株そのものは病気を起こしていないようです。ただ、現行の多くの生ワクチン株は異所接種用の弱毒化ですので、呼吸器に直接触れますと発症します）。

猫ヘルペスウイルスの方は中和抗原性も比較的に均質で、有意には変化していないらしく、ワクチンの有効性が昔と同様に維持されているようです。

野外の猫カリシウイルスが特定のワクチン株による免疫プレッシャーを長期間受けてきたために逆境（免疫を持った猫の体内）でも生残できる変異株が選択され優勢になってきたのか、あるいは免疫プレッシャーとは無関係の自然変異現象なのかは不明です。これに対応するためには変異猫カリシウイルス株にも有効な免疫を付与する新ワクチン株も現行ワクチンに加えるのがてっとり早い解決策と考え、そのような多価猫カリシウイルスワクチンもあります。

しかし、高率な変異現象は RNA ウイルスのいわば特徴、ワクチン側からみると宿命なのです。古くは口蹄疫ウイルス、新しくは人免疫不全ウイルス、安定性・有効性の高いペプチドワクチンや DNA ワクチン、あるいは粘膜ワクチンなどの研究開発が辛抱強く続けられています。短期的には先の猫カリシウイルス多価ワクチンが有効のようにみえるかもしれませんが、仮に免疫プレッシャーによるエスケープミュータントの台頭であるならば所詮イタチごっこ、抗原連続変異スパイラル antigenic drift spiral です。これまでのワクチン戦略では根本的な解決にはならず、基礎研究の必要性が指摘されています。（*SAC* 誌 第 110 号、1998 年 3 月）

なお、最近になって消滅したはずの豚水疱疹ウイルスに類似したカリシウイルスが牛流産胎児から検出されています（参考文献 2）。

E 型肝炎ウイルスはカリシウイルス属ウイルスと類似した特徴を有していますが、分類上は正式にはカリシウイルスと認定されていません。

参考文献

1）Baulch-Brown, C. et al., Feline calicivirus: a need for vaccine modification? *Aust. Vet. J.*, 75: 209-213, 1997.
2）Smith, A. W. et al., Detection of vesicular exanthema of swine-like calicivirus in tissues from a naturally infected spontaneously aborted bovine fetus. *J. Am. Vet. Med. Assoc.*, 220: 455-458, 2002.

猫カリシウイルスワクチン株は今も昔も八方美人

キーワード： 猫カリシウイルス、ウイルスの変異、抗原連続変異スパイラル、ポリペプチドワクチン

我々動物の遺伝情報は DNA という核酸の中に書き込まれており、子々孫々伝えられていきます。小生が亡くなっても希釈はされていますが子供達にそれは受け継がれていくわけで、安心でもあり、心配でもあります。それなら今のうちに己の DNA を（少し遅きに失したかもしれませんが、あまり損傷を受けていないうちに）保全しておいて、来る 21 世紀には（少なくても肉体的には）今の自分に戻れるかもしれないという望みもまんざら空絵物語ではなくなってきています。しかし、それは子供達が、あるいは誰かが先に進めてくれたらの話で、「あいつはもう結構！」で液体窒素の中から取りだしてくれなければどうしようもありません。ダイオキシンや放射性物質で荒廃した世界になっているならば再生されない方があるいは幸せかもしれませんが。

ウイルスの遺伝情報はご存じのようにDNAあるいはRNAの形で保存されており、DNAウイルス、RNAウイルスというふうに分類の基準にも使われています。DNAウイルスのDNAは我々の細胞DNAと同程度に安定した核酸と考えられています。ですから、例えば上記のようなDNA変異原物質などに頻繁に暴露しないかぎり、そんなに簡単には核酸を構成している塩基に変化は起きません。変異が起こる確率は1回の複製で1塩基当たり一億から一千億分の一と言われています。1塩基の変化が常にアミノ酸の変化に結びつくわけではありません。

機能的に大切なアミノ酸は、1つの変異でもウイルスの病原性や感染する動物種が変化したりします。喫煙、紫外線、あるいは放射能、これらの作用で確率は高まりますが、高等動物の遺伝子は極めて大きなものですから核酸の変異が表現型として現れるには時間がかかり、早ければ人生の後半に例えば癌として、遅ければ蓄積されて後世に影響が出てくる危険があります。「紫外線消毒」や「ガンマ線滅菌」は微生物のDNAを短時間にしかも激度に変化させ複製不能にさせている応用例です。少量といえどもこれらに暴露することは人間にも有害であることは言うまでもありません。

一方、RNAの方はDNAよりも変異が起きやすく、例えばインターフェロンの生物活性の測定に用いられている水胞性口炎ウイルスでの確率は細胞DNAで起きる確率よりも約100万倍高いと言われています。ウイルスの場合、致死性の変異を起こしたものは消えていきますが、複製される粒子は極めて膨大ですから非致死性変異も少しずつ蓄積されてある時に「目に見える変化」が出てきます。免疫不全ウイルス、C型肝炎ウイルス、あるいは口蹄疫ウイルスなどは変異の起きやすい代表格です。動物体内で変異を起こしているはずで、その一番の圧力因子になっているのは免疫系でしょう。

猫カリシウイルスもこの話題では外すことができません。発見当初から共通抗原性を有し中和抗原性が多様性を示す変異の多いウイルス集団でした。臨床上の必要性から当時の分離株の中でより多くの株と交差抗原性を示す「八方美人」的な株（例えばF9株）がワクチン株として選択され多くの国で永年応用されてきました。しかし、最近は高まる免疫包囲網の中でも生き残れるように変異した株が野外のFCV集団の多数派を占めるようになってきたようで、新たなワクチン株の導入が望まれています。しかし、この方策はすでにお話したように「抗原連続変異スパイラル」に陥る危険性が高いと考えられ、根本的な対策が必要です。今回ご紹介する論文にはその 1 つの可能性が述べられています（参考文献 1）。

ウイルス抗原の中でも宿主に感染防御免疫を誘導させる蛋白、猫カリシウイルスの場合はカプシド蛋白ですが、それをコードしている遺伝子を細かく分けて、その 1 つ 1 つが作り出すポリペプチドと抗体との反応性を調べます。ここでは野外の多様な猫カリシウイルスに感染した猫の血清との反応をみました。

その結果、11 頭中 10 頭の猫血清と反応するポリペプチドが見つかりました。多くのウイルス株に共通する「保存領域」のアミノ酸番号 475 ～ 479 の部位です。この部分が作り出す免疫は猫カリシウイルス集団の大部分を押さえ込み、しかも変異株の発生をも減少させる可能性があることを示唆しています。それでは、この部分を持っているウイルスをそのまま使えばよいのでは？　実験では F9 株を用いていますからそのワクチンであれば前と同じではないのか？　という疑問も出てこないわけではありません。おそらくはその部分をいかに強く誘導するかが今後のワクチン設計のポイントになるのでしょう。

この方法は、すでに多くのウイルスに応用されており別に目新しいというわけではありませんが、とかく問題の多かった猫カリシウイルスで初めて報告されたもので多少の光明が見えたような気がします。しかし、同じように抗原性が多様性を示すウイルス集団である口蹄疫ウイルスでは、以前から同様な手法でワクチン開発が行われていますが、いっこうに朗報は届いてきません。単純構造ゆえに千変万化しやすいウイルスに対する、ワクチンという武器の限界のようにも思えます。それとも細胞にウイルスを侵入させない、あるいは発病させないように宿主側を処理する方が RNA ウイルス感染症の対応策としてはより有効なのでしょうか。（*SAC* 誌 第 117 号、1999 年 12 月）

参考文献

1）Radford, A.D. et al., The capsid gene of feline calicivirus contains linear B-cell epitopes in both variable and conserved regions. *J. Virol.*, 73: 8496-8502, 1999.

高致死性猫カリシウイルスの出現

キーワード：猫カリシウイルスの抗原型・病原型・遺伝型、猫の全身性出血熱様急性伝染病、強毒全身性猫カリシウイルス病、兎出血病、慢性潰瘍増殖性口内炎

西暦2000年の今年、我が国ではほぼ1世紀ぶりに口蹄疫が宮崎県と北海道の牛に発生しました。侵入経路や検出ウイルスの性状などは現在鋭意検討中で追って明らかにされると思います。島国の利点を活かして多くの悪性感染症が今日では撲滅されています。しかし、毎分だか毎秒だかに何らかの生物種が地球上から絶えているのにもかかわらず、有史以来動物の既知のウイルス感染症で消え去ったものがあるのか疑いたくなります。直ぐに思いつくのは豚水疱疹ぐらいで、その後が思いつきません。むしろ最近は増加しているのではないかという印象さえあります。

約20年前には口蹄疫ウイルスと同じピコルナウイルスの仲間でしたが、粒子形状やゲノム構造の違いからカリシウイルスというグループにまとめられたウイルス群があります。当時は上記の豚水疱疹ウイルス、サンミゲルアシカウイルス、および猫カリシウイルスの3種でしたが、現在では犬、人、兎などの重要な病原体にもなっています。特に人では非細菌性食中毒の、また兎では高致死性の出血病（rabbit hemorrhagic disease：RHD）の原因として有名になりました。

兎出血病は1980年代に中国で最初に発見され、ヨーロッパ諸国で蔓延し、日本国内でも発生が報告されています。兎出血病ウイルスは家兎には強病原性ですが、大ウサギ（野ウサギ;hare）にはほとんど病原性がありません。一方、この大ウサギには兎出血病と同じような病気を起こすカリシウイルスがやはり1980年代にヨーロッパで見つかっており、European brown hare syndrome（EBHS）ウイルスと呼ばれています。両ウイルスともに激しい壊死性肝炎や全身性出血を起こします。

さて話しを猫に戻しますが、この兎類の出血病を思い浮かばせるような、猫の全身性出血熱様急性伝染病が1998年の秋にカリフォルニア州で発生しまし

た。保護された重度の上部気道感染症の子猫が感染源と思われ、動物病院を起点に 1 か月間に 3 か所の計 6 頭の家庭飼育猫が発病し、血液と鼻汁からウイルスが分離されました。

分離ウイルスを 3 頭の子猫の鼻と口から感染させて病気の再現実験を実施していたところ、動物飼育管理者を介して隣接していた別の飼育室内の無関係の 4 頭の成猫にもウイルスが伝播し 2 頭が死亡しました。死亡猫の病理像は野外感染例と類似し、さらに重度の膵炎も観察されています。年齢に関係なく発病し、この 3 か月間の全ての発生例の死亡率は 33 ～ 50％に達しました。しかし、流行はそれ以上には広がっていません。

20 ページにわたる本事例の詳細な報告が今年になって公表されました（参考文献 1）。この情報は赤坂動物病院の石田卓夫先生を介して 1999 年春には入手しておりましたので、2、3 の大学も含めて全国各地の動物病院の協力の下、疫学調査の網を張っていましたが、輸入例も、それらしき症例もこれまで認められておりません。

分離されたカリシウイルスは Ari 株と命名され、その遺伝的特徴はこれまで知られている猫カリシウイルス株間の変異幅内に入るもので、新種ウイルスではありませんでした。ただ、ワクチン株としてよく使われている F9 株に対する抗血清ではほとんど中和されません。F9 株で経口免疫直後の猫の攻撃試験では病状の減弱と回復が見られたことから、不完全ながら免疫防御が成立するようですが、死亡例を含めて野外罹患例は全て F9 株ワクチンの非経口接種処置済みでした。

猫カリシウイルスは猫ヘルペスウイルスとともに猫上部気道感染症の主因で、今日臨床上一番問題となるのは、持続感染猫で発生する慢性のプラズマ / リンパ細胞性口内炎（潰瘍増殖性口内炎）と言われています。これまでウイルスの病原型と遺伝型、あるいは抗原型間には何ら特異な関係は見つかっていません。さらに肺炎、関節炎、下痢、潰瘍起病性株などがあるのではなかろうかという報告はありますが、証明はありません。毒力が強いほど下部気道が冒されるようで、猫のウイルス性肺炎の原因は猫カリシウイルスだけです。

しかし本報告の Ari 株はこれまでの猫カリシウイルス株の病原性とは異なっているようで、血管を標的とし極めて毒力が強いという印象ですが、幸いにもカリフォルニアでの発生は病院／研究施設内の限局発生で終止したようで一安心です。RNAウイルスであるカリシウイルスは非常に高率に変異をしています。特に猫の作り出す免疫包囲網から逃れるべく頻繁に抗原変異をくり返しているらしく、ワクチンが導入されて20年にもなるのに相変わらず病気は減る徴候もなく、多様な抗原性の株が野外で見つかっています。

新興（emerging）ウイルス病、あるいは再興（re-emerging）ウイルス病という言葉がここ数年よく使われるようになりました。これまで知られていなかった新種のウイルスが、例えば節足動物媒介性脳炎ウイルスが熱帯密林内から人間生活圏に侵入してきた、あるいは今回の口蹄疫ウイルス騒動のように、徹底した防疫施策により国内から駆逐したものの、器物を介して近隣諸国から再侵入してきたという輸入病事例が直ぐに頭に浮かびます。

今回ご紹介した病原性変異ウイルスAri株の出現メカニズムは今のところ不明ですが、今我々の周囲に存在するウイルスの中にも、突然変異の結果、ワクチンが効かない、あるいは強毒株となって襲ってくる危険性も忘れてはいけないことを再認識させてくれました。（*SAC* 誌 第120号、2000年9月）

2003年に入って、この猫の全身性出血熱様急性伝染病に類似した猫カリシウイルス病（強毒全身性猫カリシウイルス病）が米国内で散発発生しています（参考文献2）。原因ウイルスは遺伝学的にも血清学的にもカリフォルニア州での事例とは無関係で、少しずつ発生が増えているとのことです。今のところ米国外での発生報告はありません。これまでの発生は、検疫や衛生面での素早い対応により自己限定的に終息しています。原因ウイルスが飛び火的に伝播していないということは、猫カリシウイルスが蔓延している日本国内でいつ発生しても不思議ではないということになります。くれぐれもご用心ください。

参考文献

1）Pedersen, N. C. et al., An isolated epizootic of hemarrhagic-like fever in cats caused by a novel and highly virulent strain of feline calicivirus. *Vet. Microbiol.*, 73: 281-300, 2000.
2）Schorr-Evans, E. M. et al., An epizootic of highly virulent feline calicivirus disease in a hospital setting in New England. *J. Feline Med. Sur.*, 5: 217-226, 2003.

第11章

強毒致死性コロナウイルスが猫の身体の中から出現する

猫伝染性腹膜炎の確定診断は難しい

キーワード：猫伝染性腹膜炎、高γグロブリン血症、化膿性肉芽腫性炎症、猫の急性相反応蛋白、α 1 酸性糖蛋白、FIP の診断・治療・予防

猫伝染性腹膜炎（feline infectious peritonitis：FIP）という散発的に発生する病気は、猫コロナウイルスが感染で発生することはすでに広く知られています。本章では猫や犬に感染しているコロナウイルスの特徴と、特に FIP 発症のメカニズムについて紹介してあります。それだけ愛猫家や獣医師にとってこの病気がやっかいなものであることに他なりません。

FIP の診断は臨床病理学的に行われており、簡便な病原学的診断法はありません。猫からコロナウイルスを検出することは可能ですが、検出したコロナウイルスが FIP 起病性であることを猫を使って確認する必要があります。血清学的に猫が抗コロナウイルス抗体を保有しているどうかの確認は容易です。しかし多くの急性感染症と異なり、抗体価の上昇や、あるいは慢性感染症のように抗体の有無にて診断はできません。FIP でなくてもコロナウイルス特異抗体は存在、存続するからです。かつて米国で、FIP ウイルス特異的抗体検出キットが開発されたこともあります。かなりの確率で当てることができます。しかし、健康正常猫にも抗 FIP ウイルス抗体が検出される場合も発覚し、その後ど

うなったのでしょうか。

そうなってくると、やはり昔から行われているように、臨床病理学的検査にて、持続ウイルス感染がもたらす高 γ グロブリン血症の証明（A/G 比の低下：＜ 0.81）や、抗コロナウイルス抗体の証明、できればバイオプシー材料の病理学検査で囲管性の化膿性肉芽腫炎症像の証明などに頼らざるをえません。最近、グラスゴー大学から報告された血清、血漿、体液中の急性相反応蛋白である α 1 酸性糖蛋白の定量（1.5g/ ℓ 以上）が病態診断法として有用なようです（参考文献 1）。さらに「FIP ウイルス体内変異出現説」に従えば、少なくとも腸間膜リンパ節と腸管外の組織内、例えば腹水細胞や血液細胞（リンパ球には感染しません）にコロナウイルスを検出することは意義があります。

治療はどうしましょうか？　未だ特異的抗コロナウイルス治療薬はありません。現在、SARS ウイルスに対する治療薬の開発が世界規模で行われていますので、その中に期待するものが出てくるかもしれません（参考文献 2）。それまでは体内で持続感染している FIP ウイルスの増殖を抑え、過剰に反応している液性免疫系を抑制し、逆に感染細胞破壊のために細胞性免疫系の活性を促す治療プログラムが考えられます。赤坂動物病院の石田卓夫先生らは、猫の組換えインターフェロン（製品名：インターキャット）とステロイド剤（デキサメタゾン、プレドニゾロン）を使うことである程度の成績をおさめています（参考文献 3）。

予防は、猫がコロナウイルスに感染しないようにするしかありません。感染猫から離すことは簡単で有効な方法です。すでに感染している猫は、猫免疫不全ウイルスや猫白血病ウイルスなどの免疫抑制性病原体に感染して自然免疫系が低下しないようにすることでしょう。特異免疫付与のためのワクチンとして推奨できるようなものは開発されていません。

参考文献

1）Duthie, S. et al., Value of α 1-acid glycoprotein in the diagnosis of feline infectious peritonitis. *Vet. Rec.*, 141: 299-303, 1997.

2）Jenwitheesuk, E., and Samudrala, R., Identifying inhibitors of the SARS coronavirus proteinase. *Bioorganic Med. Chem. Letters*, 13: 3989-3992, 2003.

3）Ishida, T. et al., Use of recombinant feline interferon and glucocorticoid in the treatment of feline infectious peritonitis. *J. Feline Med. Sur.*, 6:107-109, 2004.

猫と犬と豚のコロナウイルスの祖先は同じ

キーワード：猫コロナウイルス、犬コロナウイルス、豚伝染性胃腸炎ウイルス、猫腸内コロナウイルス、猫伝染性腹膜炎ウイルス、FIP、猫コロナウイルスの病理型、コロナウイルスの進化、コロナウイルスワクチン

その形態的特徴が「太陽のコロナ」のように見えることから命名されたコロナウイルス、人医学領域には生命を脅かすような本ウイルスの感染症は見当たりませんが、動物医学領域では比較的に重要なウイルスで、盛んに研究が行われています。ほとんどの動物種が 1 つ以上のコロナウイルスに感染しています（1996 年の時点です。2003 年には SARS ウイルスが出現）。

猫には猫コロナウイルス、犬には犬コロナウイルスが感染しています。犬コロナウイルスは同種性の単一ウイルス群のようですが、猫コロナウイルスは異種性の強いウイルス集団です。病原性と抗原性の点でそれぞれ 2 つに分けることができます。

病原性の点（pathotype：病理型）から分けますと、1 つは免疫介在性脈管炎が原因で典型的な腹水や胸水の貯留を特徴とする致死性の猫伝染性腹膜炎（FIP）を起こす FIP 起病性猫コロナウイルス、すなわち FIP ウイルスです。もう 1 つは猫腸内コロナウイルスと呼ばれている猫コロナウイルスで、子猫を中心に軽度の下痢などの消化器症状を起こします。FIP ウイルスは消化器症状も起こしますが、猫腸内コロナウイルスには FIP 起病性はありません。教科書的にはこの点が両ウイルス間の大きな相違点です。しかし、実際には様々な毒性を示す猫コロナウイルス株が野外には存在していますし、猫腸内コロナウイルスから FIP ウイルスへの病原性変異も起きやすいと考えられています。

一方、猫コロナウイルスは病理型（FIP ウイルスや猫腸内コロナウイルス）とは無関係にⅠ型とⅡ型に分けられます。Ⅱ型の猫コロナウイルスは抗原性をはじめ、その他の生物学的性状も犬コロナウイルスによく似ています。Ⅰ型の猫コロナウイルスと犬コロナウイルス間の組換えウイルスであろうと考えられています。

宿主である猫側の要因も FIP の発症に影響しています。猫白血病ウイルス感

染による細胞性免疫の抑制は有意な発症促進因子です。猫コロナウイルスが産生させた血液中の抗体は、次に FIP ウイルスに感染した際にはウイルスの体内播種・増殖を促し、病勢を強めると実験的には考えられています。

話がもう少し込み入りますが、新生豚に致死性の下痢を起こす豚伝染性胃腸炎ウイルスがあります。猫コロナウイルスと犬コロナウイルスは豚伝染性胃腸炎ウイルスとも極めて近縁の関係にあります。多くの研究者がこれら 3 種のウイルスには過去に共通の祖先ウイルスが存在していて、それぞれの宿主動物に順化していった結果、現在の猫の猫コロナウイルス、犬の犬コロナウイルス、あるいは豚の伝染性胃腸炎ウイルスに進化してきたと考えています。

その証拠の 1 つに、これらのウイルスは相互に感染することができます。すなわち猫は犬コロナウイルスと豚伝染性胃腸炎ウイルスに、犬は猫コロナウイルスと豚伝染性胃腸炎ウイルスに感染しますが、抗体が産生されるだけで発病しないと考えられています。犬コロナウイルスや豚伝染性胃腸炎ウイルスによって作られた猫体内の抗体は FIP の病勢を悪化させるものではありませんでした。豚は少し異なり、FIP ウイルスが新生豚に伝染性胃腸炎様の病気を、犬コロナウイルスにより腸炎を起こしています。

これらのことが判る前、特に犬コロナウイルス発見以前は、犬に抗豚伝染性胃腸炎ウイルス抗体が検出されたという事実だけで、豚舎から豚舎へ犬がウイルスを運んでいる犯人と疑われた「不遇の時代」もありました。さらにこのウイルス間の相似性のため、現行の血清試験法では、例えば FIP 猫の血液中の抗コロナウイルス抗体が猫、犬、あるいは豚のいずれのコロナウイルスによって産生されたのかを決定することができません。さて前置きが長くなりましたが、今回ご紹介する論文は野外の犬コロナウイルスによって FIP が起きるという話です（参考文献 1）。

犬コロナウイルス分離株の猫に対する影響をみたところ、これまでの「常識」とは異なり、猫に感染して FIP ウイルスの増殖を促し病勢を強める抗体を産生する犬コロナウイルスばかりでなく、頻回暴露させると FIP を起こす犬コロナウイルスも野外に存在していたことが述べられています。

これを希有なウイルス株によるもの、あるいはあくまでも実験的なものと片付ける向きもあるかもしれません。しかし、犬ジステンパーウイルスの野外での昨今の態度などを考えると、この論文をファイルの肥やしにするわけにはいきません。昔は、犬は屋外で、猫は屋内で飼育され、生活環境を共有することは少なかったと記憶しています。近年は犬も猫も人と一緒に屋内で飼育される機会が増えています。一般にウイルスは細菌と異なり、宿主特異性が強い寄生体ですので、多くのウイルスは「種の壁」を越えることはできません。人を含めた動物相互間のウイルスの伝播は起きにくいと考えられます。しかし、人の生活様式、行動様式の変化が間接的に動物の生活環境に影響を与え、その結果、例えば犬と猫間にウイルスの種間伝播が起きたり、その結果として組換えウイルスが出現して、運悪く発病する場合があることも獣医師は想定しておく必要があるでしょう。できれば動物種別の隔離用入院ケージの準備もして欲しいものです。

第 9 章で解説してあるように、犬と猫のロタウイルスは相互伝播の結果、共通の遺伝的背景を有するウイルス群が自然界に形成されています。稀ですが猫汎白血球減少症の猫から犬パルボウイルスが、犬の下痢症に猫ヘルペスウイルスやカリシウイルスが関与していたこともあります。今回紹介した論文の内容は犬、猫、豚のコロナウイルスの進化と相互関係を考えれば、野外でもありそうなことです。これらのウイルスはかなりの早さで進化しているようです。

蛇足ですが、かつて犬の下痢症予防に犬コロナウイルス生ワクチンが使用されたことがあります。しかし、副作用（膵炎／髄膜炎）のため現在では不活化ワクチンのみが使用されています。このような副作用そのものは当然危惧すべきですが、犬と猫間の相互ウイルス伝播のことや変異が起きやすいウイルスであることを考慮すると、これらの動物種へのコロナウイルス「生ワクチン」の応用は避けた方が賢明かもしれません。（*SAC* 誌 第 101 号、1996 年 1 月）

参考文献

1）McArdle, F. et al., Induction and enhancement of feline infectious peritonitis by canine coronavirus. *Am. J. Vet. Res.*, 53: 1500-1506, 1992.

猫コロナウイルス抗体は逆に病状を悪化させる

キーワード：猫伝染性腹膜炎、FIP、抗体依存性増強（ADE）、III 型アレルギー、免疫複合体、マクロファージ、デング熱、人エイズ、ミンクアリューシャン病、SARS ウイルス

体内に侵入したウイルスは自然免疫系の主要メンバーであるマクロファージによって処理されます。マクロファージは処理したウイルス抗原を細胞外へ提示し、防衛隊中枢部のリンパ球に「これこれの侵入者がありました」と報告し、リンパ球の記憶帳簿にファイルされ、再侵入に備えます。

猫コロナウイルスも同様です。侵入して、うかうかしているとマクロファージに捕捉され処理されてしまいます。感染したコロナウイルスはしばらくして出現してくる抗体に捕捉され、「抗体＋ウイルス」という複合物としてもマクロファージに補食され処理されます。一部のウイルスは腸管粘膜細胞内に逃げ込んで持続感染します。多くの猫はそのまま生涯を終えるはずなんです。しかし、どの位の割合か判りませんが、「マクロファージなんか怖くない」という変異ウイルスが出てきます。

この変異ウイルスは血液中の抗体に捕まっても、いわば「参った」ふりをしてマクロファージに食われます。ここからが変異ウイルスの本領発揮で、マクロファージ内で処理されずに、逆にマクロファージの中で増殖を開始します。マクロファージは固定細胞ではなく、移動性です。ウイルスはマクロファージを足代わりにして遠くの組織へ感染を広げていきます（細胞性トランポリン）。すなわち、腸管外の体内へ侵入していきます。通常の猫コロナウイルスは腸管から外へは出ることができません。この現象を抗体依存性増強（antibody-dependent enhancement；ADE）と言います（参考文献 1）。

実際、試験管内で培養したマクロファージでの増殖能力が高い猫コロナウイルスの方が、FIP を起こす毒力が強い傾向が証明されています（参考文献 2）。なお念のために附記しますが、この FIP の ADE は実験感染の結果をもとにしています。実際に野外でどの程度起きているかについては不明です。

しかしその反乱の際でも、猫の免疫能力が正常であればその変異ウイルスを

特異細胞性免疫が身体レベルでは制圧してくれます。もし、猫免疫不全ウイルスや猫白血病ウイルスなどにも感染していて免疫能が落ちていれば、変異ウイルスは怖いもの知らずになり、全身にウイルスが播種されます。そうなるともうマクロファージなんぞの助けはいりません。ウイルスはどんどん増殖し、それに答えるように役に立たない抗体が増産され、「抗体＋ウイルス」の免疫複合体がウイルス増殖の起こった器官や腎に沈着し組織が破壊されます（Ⅲ型アレルギー反応）。血管内皮への沈着は血管壁の透過性を変化させ、漏出した腹水や胸水が貯留する典型的な FIP が発現されてきます。FIP が散発的に発生するのは単にコロナウイルスが感染すれば起きるのではなく、その後に起きる、抗体依存性の感染増強・拡大に左右されるからです。FIP の病理発症機序について多くの研究者が免疫介在性と考えています。ここでは「Ⅲ型アレルギー」で説明いたしましたが、ウイルス感染細胞の抗体による損傷（Ⅱ型）や肉芽腫形成性過敏症（Ⅳ型）など実際には単純なものではないでしょう。

ところで、ADE はこれまで少なくても 22 種類のウイルス病で認められています。有名なところではデング熱、人エイズ、ミンクアリューシャン病などです。その共通点としてマクロファージ内で増殖し、中和活性の低い抗体を大量かつ持続的に産生されることが挙げられます。このような感染症では抗体による感染防御や治癒が望めないために、ワクチンを作るのが難しいという問題も起こしています。

このやっかいな ADE 活性は犬コロナウイルス感染では起きてはいないようです。犬の場合は腸管に感染をして終息する単純なウイルス病と考えられます。話題の SARS ウイルスですが、死亡率が結構高いことが恐怖心を煽っています。犬のコロナウイルスのような単なる風邪や下痢症だけのウイルスではなく、FIP ウイルスと同じように ADE 活性や、ウイルス感染によって細胞が修飾され宿主免疫系から逃れるような小細工をするコロナウイルスのようです。2003 年の流行時、発生地域では単純な感染症ではないことが伺えるインターフェロンやステロイドを使った治療が行われており、その副作用が問題になったのも記憶に新しいところです。

参考文献

1）Tirado, S. M. C., and Yoon, K.-J., Antibody-dependent enhancement of virus infection and disease. *Viral Immunol.*, 16: 69-86, 2003.

2）Stoddart, C., and Scott, F. W., Intrinsic resistance of feline peritoneal macrophages to coronavirus infection correlates with in vivo virulence. *J. Virol.*, 63: 436-440, 1989.

猫伝染性腹膜炎ウイルスは猫体内で生まれる

キーワード：猫腸内コロナウイルス、猫伝染性腹膜炎、FIP、ウイルスの変異、エマージングウイルス、免疫抑制、コロナウイルスの分類、コロナウイルスの持続感染

新しいウイルスが出現する機序は多様で、頻度の高いメカニズムの 1 つに「変異」現象があります。近年はウイルスゲノムの塩基配列が明らかにされ、多くのウイルスで詳細な遺伝子地図が作られています。その結果、類似ウイルスとの遺伝的関係やウイルスの進化のメカニズムが解明され、次に起こりうる変異の予測もなされています。これらの情報は今後の新型ウイルスの流行に備えて、より有効性の高いワクチンなどの開発に利用されています。

例えば犬パルボウイルス 2 型、このウイルスも既存の猫汎白血球減少症ウイルス、あるいはその近縁ウイルスから派生したものと考えられています。ウイルスゲノムの塩基配列はほとんど同じで、何がその変化をもたらしたのかは不明ですが、表面上は幾つかのアミノ酸が変化したために犬に感染するようになりました。犬体内で増殖しやすいように犬パルボウイルスはその後もさらに変異を起こしているらしく、微細な抗原性の変化に基づく 3 種類の抗原型が知られており、米国内では「2 → 2a → 2b」と置き換わっていると言われています。日本国内で 1997 年下痢症の犬から分離した犬パルボウイルス 2 型 20 株の抗原型は 2a と 2b が 50％ずつで、タイプ 2 は検出されませんでした。また最近は猫に感染するように宿主域変異をし始め、数年内には猫汎白血球減少症ウイルスを駆逐してしまう可能性が指摘されたり、「“2c” ゲノタイプ」などの更なる変異現象を予感させるような報告もされています。一般に DNA ウイルスは変異しにくいのですが、犬パルボウイルスは例外のようです。

RNA ウイルスは以前にも紹介しましたように比較すると変異しやすく、猫カリシウイルス、エイズウイルスあるいは口蹄疫ウイルスの抗原変異など枚挙にいとまがありません。コロナウイルスも変異にかけては負けず劣らず有名です。猫コロナウイルスをはじめとするコロナウイルスの分子生物学的解析は1990 年代に入って大きく進展し、その成果は新ウイルス出現メカニズムの解明ばかりでなく、ウイルス分類にも応用されています。

コロナウイルスの分類を簡単に紹介しておきます。これまで類似した構造や複製機構を示すウイルス（コロナウイルス、トロウイルス、アルテリウイルス）はコロナウイルス科の属として分類されていましたが、新たにコロナウイルス科（コロナウイルス属とトロウイルス属）とアルテリウイルス科に分けられ、さらにそれらを統合するニドウイルス目（*Nidovirales*）が新設されました。トロウイルスは新しく注目されている下痢症ウイルスで、アルテリウイルスは豚生殖器・呼吸器症候群ウイルスなどが該当します。

それでは猫伝染性腹膜炎（FIP）ウイルスについて最近の論文を紹介いたします。猫コロナウイルスは病原性から FIP 起病性の FIP ウイルスと、FIP 非起病性で自然治癒性の消化器症状を起こす猫腸内コロナウイルスの 2 種の pathotype（病理型）に分けられます。一方、ペプロマー蛋白の抗原性から I 型と II 型の血清型に分けられます。I 型が野外の主流行型で、かつ猫本来の猫コロナウイルスとみなされ、II 型猫コロナウイルスは犬コロナウイルスと I 型猫コロナウイルスとの間の組換え現象の結果出現したと推定されています。

近年 PCR 法という遺伝子診断法が汎用されるようになった結果、想像以上に多くの猫が猫コロナウイルスに、おそらく多くの場合は毒力の低い腸内コロナウイルスと思われますが、持続感染していることが判明しました。一方、FIP は散発的に発生しています。同腹で同じ環境で飼育されて、猫コロナウイルスに感染していても、FIP になるかもしれないのは 5%～ 10%の猫です。これまでにも FIP ウイルスは消化器症状（下痢）を起こす（すなわち猫腸内コロナウイルスでもある）ことが判っていましたので、猫腸内コロナウイルスが、おそらくは体内（腸粘膜細胞内、あるいは腸間膜リンパ節内？）で FIP ウイルスに変異することで FIP が発症するのではなかろうかと想像されていました。

この「変異」を猫腸内コロナウイルスと FIP ウイルスのゲノムを比較解析す

ることで説明しようとしたのがユトレヒト大学とカリフォルニア大学の研究者です（参考文献 1）。論旨の根拠は同じ環境の猫集団から検出された FIP ウイルスと猫腸内コロナウイルスの間の遺伝子の相同率の方が、検出場所が離れた地理的に無関係な FIP ウイルス株間よりも有意に高いことです。

FIP が世界中の猫で起きているということは、FIP 発症猫に共通する何らかの「ファクター」によって猫腸内コロナウイルスの特定の遺伝子部分が欠失する方が、何かが遺伝子に付加する、あるいは組換るメカニズムよりも可能性が高く、それを支持するように、論文では "3c" という遺伝子の一部の欠失変異がFIP ウイルスの多くに共通して見つかっていることを述べています。なお、欠失のパターンは一定ではありません。結論として「FIP ウイルスが猫から猫へ伝播することで FIP になるのではなく、猫腸内コロナウイルスが感染している猫の身体の中で、猫腸内コロナウイルスから FIP ウイルスが生まれて FIP を発症する」としています。

したがって、これに普遍性があるとすれば、ワクチンを使って猫腸内コロナウイルスの感染防御、あるいはインターフェロンなどを使って猫腸内コロナウイルスキャリアー猫を少なくすることは FIP の発生を減少させる有効な手段となります。しかし、猫腸内コロナウイルスから FIP ウイルスへの変異を促進させるファクターは相変わらず不明ですし、毒力に関連しているかもしれない別の遺伝子 "7b" の役割もはっきりしません。

このような大きな変化が起きるのはコロナウイルスの特性のようです。豚では欠失と点突然変異により豚伝染性胃腸炎ウイルスから豚呼吸器コロナウイルスが出現し、鶏やマウスでは組換え現象により新しい抗原性あるいは病原性のコロナウイルスが出現しており、眼が離せない（研究者にとっては何とも興味のつきない）ウイルスと言えるかもしれません。（*SAC* 誌 第 112 号、1998 年 9 月）

この FIP ウイルス体内発生説は定説になりつつあります。しかし、我々の実験では、FIP ウイルスの猫間伝播による事例もあり得ると考えています。FIP 実験発症猫の糞便中には感染性ウイルスが排泄されています。したがって、野外で FIP 発症猫が放置されれば同居感染が起きる可能性が少なからずあると考えられます。しかし、感染を受けた猫の免疫能が落ちていなければ FIP を発症することは少ないのでしょう。抑え込んでしまって飼い主も猫も何事もなかったように過ごすものと思われます。前述の、健康な猫に FIP ウイルス特異的抗体が検出されるために血清検査キットが売れなかった話の種明かしかもしれません。

参考文献

1）Vennema, H. et al., Feline infectious peritonitis viruses arisen by mutation from endemic feline enteric coronaviruses. *Virology*, 243:150-157, 1998.

SARS ウイルスは犬や猫のコロナウイルスが親でなくて一安心

キーワード；重症急性呼吸器症候群、SARS ウイルス、犬コロナウイルス、猫コロナウイルス、猫伝染性腹膜炎、FIP、コロナウイルスの分類、III 型猫コロナウイルス、エマージングウイルス、フェレット

実際には、2002 年から中国本土内では流行していたらしい重症急性呼吸器症候群（severe acute respiratory syndrome：SARS）は、今年になって感染者の香港への移動により顕在化しました。滞在先のホテル内で接触を介して感染が拡大し、そして国際都市の香港故に世界各地へ保菌者が拡散という絵に描いたようなパターンです。したがって、現状での最善の予防策は流行地への渡航制限と、流行地からの侵入阻止です。動物の移動制限と違って人権や権益が伴う人の場合は難しい点が多いとは思います。個々においては外出後の手洗いとうがいの励行でしょう。基本的に病原体の侵入経路が鼻孔・口腔・眼などの場合、（人では）手の汚染が一番危険です。インフルエンザの場合も、電車やバス、あるいは劇場など不特定多数の集まる所でウイルスに汚染した手から鼻や口の粘膜に感染することが一番多いとされています。

SARS の病原は未だ確定はしていませんが、世界各地で患者から検出されている新種のコロナウイルスが最有力視されています。詳細なウイルス学的情報が現時点で公開されていないことからこれ以上の論評は遠慮しますが、今回はこのコロナウイルスにまつわる情報などを紹介します。

これまでげっ歯類、豚、猫、犬、鶏などにコロナウイルスが病原体として認められ、多くは消化器や呼吸器の病気を起こしています。そのため、宿主が若

齢の場合は重病に、加齢に伴って不顕性になる傾向があります。例外としてマウス（肝炎）と猫（伝染性腹膜炎：FIP）に致死性の病型が存在します。分類学的にはニドウイルス目のコロナウイルス科、コロナウイルス属の、例えば猫コロナウイルスとなるわけですが、コロナウイルス属は非構造蛋白ゲノム、抗原性、およびスパイク蛋白の特徴と、宿主域により 3 群に分けられます。

1 群には豚伝染性胃腸炎ウイルス、犬コロナウイルス、猫コロナウイルスなどが、2 群にはマウス肝炎ウイルス、牛コロナウイルス、ラットコロナウイルスなどが、3 群には伝染性気管支炎ウイルスや七面鳥コロナウイルスなどの鳥類コロナウイルスが分類されています。人由来の既知コロナウイルスは 1 群と 2 群に分類されています。SARS ウイルスは既存の群には属さない「新種」という話です。

異なるウイルス種間の組換えや遺伝子の欠失現象などによって新しいウイルスが出現することが多く、RNA ウイルスの中でも特にコロナウイルスでは激しいようです。これは多分に小生の浅薄な知識に基づく誤判かもしれませんが、特に 1 群に属するコロナウイルスはまるで活火山のように新しい病原性・抗原性のウイルスが出現しているように思えます。SARS ウイルスが野生動物に由来する未知のコロナウイルスなのか、あるいは既知のウイルスが何らかの変異現象により人に対する病原性を獲得したのかは解明されていませんが、今回のアウトブレイクを機にこれまでほとんど重要視されず、主に獣医ウイルス学の対象であったコロナウイルスの研究が急展開することは間違いありません。

猫コロナウイルス、犬コロナウイルス、それから豚伝染性胃腸炎ウイルスは元々 1 つのウイルスを起源として各々猫、犬、豚の祖先動物に感染し、宿主と共にウイルスも進化してきているとみなされています。そして、なかでも猫はこれらのコロナウイルスの自然界における「mixing chamber」と考えられています。すなわち、猫の細胞はこれらのウイルスの感染を許容するために猫の体内で異なるウイルス間の組換え体ができやすいと考えられてきました。

実際、犬コロナウイルスからみればオリジナルの犬コロナウイルス群と猫コロナウイルスに近い犬コロナウイルス群が存在し、両群で大勢を占めます（参考文献 1)。一方で、遺伝学的に豚伝染性胃腸炎ウイルスにより近い犬コロナウイルスの存在や（参考文献 2)、さらには初期の頃から独自の進化をしてきたらしい犬コロナウイルスがオーストラリアの繁殖コロニーで起きた致死性腸炎の発生例から検出されています（参考文献 3）。犬も年齢依存的に犬コロナウイルスに対して抵抗性になっていくようですが、疫学調査では広範に犬間に広まっているらしく、新生犬や子犬では時に死亡するほどの激しい消化器症状を起こします。一部には、犬の胃腸炎における病原体としての犬コロナウイルスの重要性を過小評価しているという意見もないわけではありません（参考文献 4）。

逆に猫コロナウイルスからみればⅠ型が猫本来のコロナウイルスであって野外流行株の大部分を占め、Ⅱ型はⅠ型と犬コロナウイルスの組換え体です。カリフォルニア大学の Niels Pedersen は最近、猫コロナウイルスと豚伝染性胃腸炎ウイルスの組換え体を「Ⅲ型猫コロナウイルス」と提案しています。

この抗原型別は病原性とは関係していません。どれも幼齢期の猫に下痢を起こすために猫腸内コロナウイルスとも呼ばれます。しかし、初感染時と持続感染後に猫腸内コロナウイルスが猫体内で FIP ウイルスに変異し致死性の腹膜炎が現れるというのが、現在一番受け入れられている説です。その危険率はどちらも 5 ～ 10％ですが、それに伴う変異のパターンは必ずしも一定したものではありません。FIP ウイルスが伝播して FIP を起こすのではないと考えられるわけですから、猫腸内コロナウイルスに感染しないようにすることが FIP 発症予防の要ということになります。

ウイルスの変異は感染した宿主細胞の中で起きる適応現象の 1 つです。この世にウイルスとそれに感染する動物、植物、細菌などの宿主が存在する限りこれは避けることはできません。ウイルス学者には研究の種は尽きないわけですが、今回の SARS のような形だけは願い下げです。しかし、大隕石で恐竜が滅びたように、エマージングウイルスによる同じような災難が我々に、あるいは犬や猫に起きないという確証はどこにもありません。（*SAC* 誌 第 131 号、2003 年 6 月）

2003 年の秋になって今年も SARS が流行するのではないかと皆が気を揉んでいる最中、オランダ Erasmus 医学センター、ウイルス学研究所の Osterhaus らの研究グループが、猫とフェレットに SARS ウイルスが感染することを実験的に確認したことを発表しました（参考文献 5）。話題のウイルスですからマスコミで大々的に報じられましたが、科学的には別にどうということはない、ありそうなことではあります。フェレットは感染発病しましたが、猫は無症状感染を起こしました。どちらの動物からもウイルスが咽頭から排泄され、同居動物に感染が拡大しています。彼らはSARSウイルスの実験感染モデルの開発を目的にあえて猫とフェレットで感染実験をしています。しかし、同居感染するほどにウイルスを排泄をしたという事実は疫学的観点からは重要です。もちろん、日本国内にはSARSウイルスは存在していないのですから、猫やフェレットが保菌動物になっている心配は全くありません。その意味ではフェレットのインフルエンザウイルス感染の方が周囲にインフルエンザウイルスが存在する故にもっと重要です（参考文献6)。

参考文献

1) Pratelli, A. et al., Identification of coronaviruses in dogs that segregate separately from the canine coronavirus genotype. *J. Virol. Methods* 107: 213-222, 2003.
2) Wesley, R. D., The S gene of canine coronavirus, strain UCD-1, is more closely related to the S gene of transmissible gastroenteritis virus than to that of feline infectious peritonitis virus. *Virus Res.*, 61: 145-152,1999.
3) Naylor, M. J. et al., Molecular characterization confirms the presence of a divergent strain of canine coronavirus（UWSMN-1）in Australia. *J. Clin. Microbiol.*, 40: 3518-3522, 2002.
4) Pratelli, A. et al., Diagnosis of canine coronavirus infection using nested-PCR. *J. Virol. Methods* 84: 91-94, 2000.
5) Martina, B. E. E. et al., SARS virus infection of cats and ferrets. *Nature,* 425: 915, 2003.
6) 望月雅美，見上　彪：イヌ、ネコ、野生小動物を起原とするウイルス感染症，化学療法の領域，15巻，1号，59～65頁，1999年.

第12章

猫の寿命は猫白血病ウイルスが決めている

猫白血病ウイルスの持続感染からは逃れられない

キーワード：レトロウイルス、猫白血病ウイルス、ウイルス考古学、猫レトロウイルスの起源、持続性ウイルス血症、逆転写酵素、Hardy's test、ワクチン

猫白血病ウイルスはレトロウイルスの仲間です。レトロウイルスは自身のRNAゲノムをDNAに転写する酵素を有しています。RNAからDNAを作り出すという概念はこのレトロウイルスが発見されるまでは生物学にはありませんでした。そこで、今までとは全く逆の方向へ転写させる酵素、逆転写酵素（reverse transcriptase）を持つウイルス集団ということで、reverse（逆）を意味するretro（レトロ）という名前がつけられています。今では、人B型肝炎の病原ウイルスで代表されるヘパドナウイルスなど5つのウイルス科のウイルスにこの特別な核酸合成酵素が見つかっています。

ところで「ウイルス考古学」なるものをご存じですか？　それによると、猫に感染するレトロウイルスの起源が推測されています。猫白血病ウイルスは今のラットの祖先から昔、猫に伝播し、その後、猫と共に水平伝播するウイルスとして今の猫白血病ウイルスに進化してきたようです。同じように、内在性猫白血病ウイルスはマウスの祖先から、RD-114で代表される猫内在性レトロウイルスは旧世界ザルの祖先から伝播し、母猫から次世代へ垂直伝播するウイ

ルスとして現在に伝わっているのだそうです。猫免疫不全ウイルスと猫フォーミーウイルスの起源は不明です。

猫白血病ウイルスは感染の際に、その逆転写酵素によりゲノム遺伝情報をDNAに変換し、猫の細胞DNA中に組み込んでしまいます。そうなりますと、いくら感染細胞の外へ出てきたウイルスを免疫系が退治しても、大元のウイルス遺伝子が細胞内に温存され、免疫の攻撃から免れています。その細胞そのものを免疫系が攻撃して死滅させない限り、ウイルス情報は細胞が分裂すると娘細胞に伝わっていきますから､ウイルスの魔の手から逃れることができません。

現在臨床では、猫白血病ウイルス検査キットで末梢血液中のウイルス（抗原）検査を行います。陽性になったからといって、軽々に処断してはいけません。感染初期には一時的に陽性になることがあります。その後に宿主の免疫系が勝って陰転することがあります。一般に、12週間以上陽性が持続している場合だけ、猫が持続感染していると判定しています。これは猫の骨髄細胞でウイルス感染が成立した（ウイルスが遺伝子を骨髄細胞に挿入してしまった）ことを意味し、この猫がウイルス感染から回復する可能性はありません。

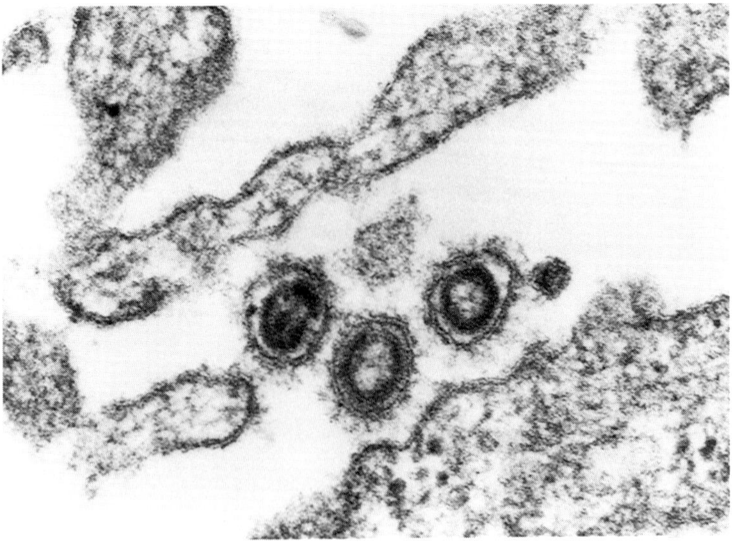

猫白血病ウイルス

国内では酵素抗体法を利用したスクリーニング用検査キットで複数回の検査により確定診断する習慣がついていますが、できれば、血液塗抹標本中のウイルス抗原を蛍光抗体法によって検出する方法（Hardy's test）や、細胞培養法によるウイルス分離法などの偽陽性の起きにくい試験による確定診断が必要です。ちょうど「狂牛病」の検査と同じように、ELISAスクリーニングで陽性になった場合、ウエスタンブロッテイング法で確認試験し、陽性の場合のみ確定診断になります。重要な判定はできれば別な試験法による確認が望ましいのは全ての診断の原則です。

持続感染になってしまうと後は発病を待つしかありません。その間、唾液中などにウイルスが排泄され感染源として大変危険な存在になります。これは猫にとっても飼い主にとってもつらい状況です。現在、世界的に猫白血病ウイルス感染予防用ワクチンが使われています。有効性はもちろん100％ではありませんが、安全な不活化タイプのワクチンです。定期的な検査、陽性猫の隔離、予防用ワクチンの接種により、英国では感染率が激減しており、ほとんど全ての純血種猫コロニーは猫白血病ウイルス・フリーの状態になっているそうです。

参考文献

1）Richards, J., 2001 Report of the American Association of Feline Practitioners and Academy of Feline Medicine Advisory Panel on feline retrovirus testing and management. *J. Feline Med. Sur.*, 5: 3-10, 2003.

猫白血病ウイルスは血液のガン以外の病気も起こしている

キーワード：猫白血病ウイルス、leukemia lymphosarcoma complex（LLC）、猫汎白血球減少症類似症候群、顆粒球減少症、猫汎白血球減少症ウイルス

グラスゴー大学のBill Jarrettにより猫白血病がウイルスに原因することが発見されてからもう30年以上が経過します。マウスや鶏ではなく、人により身近な動物である猫という大型哺乳動物に血液の癌ウイルスが発見されたため獣医学領域外からも関心が集まりました。そのためウイルス学的研究はたいへん進展し、その成果の1つとして現在では、人を含む全ての動物に先駆けて

猫白血病ウイルス感染症予防用ワクチンが猫に臨床応用されています。

ワクチンが使われ始めるとその病気は終わったような錯覚をお持ちになる先生が多いと思います。しかし、猫白血病ウイルスの感染が原因で実にさまざまな病気が起きるため、それらの病理発症機序や臨床的意義などについてはいまだによく判らない点が多々あるのも事実です。ご紹介する論文には「猫白血病ウイルスによる猫汎白血球減少症類似症候群の新病因論」が猫白血病ウイルス持続感染猫のインターフェロン治療実験中に偶然見つかったことが書かれてあります（参考文献1）。猫白血病ウイルス感染が原因で起きる病気の中では重要とはこれまで思われていませんでしたが、今後はぜひ臨床で気に留めていただきたい（猫汎白血球減少症を疑う時は必ず猫白血病ウイルスも検査して欲しい）と思います。

猫白血病ウイルスに暴露した猫の約3頭に1頭は持続性のウイルス血症（ウイルス遺伝子が宿主細胞DNA中に挿入され、細胞と共に生存し続けるためウイルスを体外へ排除することは不可能）になり、1頭は主に中和抗体の産生により感染から回復し、その後は猫白血病ウイルスの感染からおそらく免れることができます。残りの1頭はどちらともつかずで、再暴露の際には依然として感受性を示します。

持続感染した猫は直ぐには病気にはならず、全ての体液中、特に唾液中には多量のウイルスを排泄し続けます（潜伏期）。外見は健康正常なため同居猫をはじめ周囲の猫に猫白血病ウイルスを撒き散らし、気がついた時にはすでにほとんどの猫が感染を受けていたなどということは決して稀なことではありません。その結果、多くの場合、3年～4年以内に80%以上の猫が死亡します。

レトロウイルスは分裂増殖している宿主細胞を好む傾向があるため、成体ではリンパ系と骨髄系の細胞が主標的になり、各種白血病やリンパ肉腫などの増殖性疾患の原因となります（leukemia lymphoma complex：LLC)。これが「猫白血病ウイルス」という名前のいわれです。猫白血病ウイルスには癌遺伝子がないのにもかかわらず「血液の癌」である白血病を起こすのは、宿主細胞DNA中に挿入されたウイルス遺伝子が宿主細胞の分裂の開始と停止を制御できないような状態にさせるためと考えられています。したがって、そのような変化をもたらすためには数か月～数年という長い期間が必要となります。いつ起きるのか判りません。

猫白血病ウイルス感染の猫の健康への影響はそれだけではなく、細胞変性性の直接的作用による被害もあることが判っています。主にリンパ系器官・細胞に対する「免疫抑制」や骨髄赤芽球系細胞に対する「貧血」はその代表例で、「白血病・リンパ肉腫」よりも臨床的な影響は大きいでしょう。その中の 1 つに骨髄芽球系の細胞分化が阻害されて起きる「汎白血球減少症類似症候群」（顆粒球減少症）があります。

これは猫汎白血球減少症ウイルスワクチンで免疫した猫白血病ウイルス持続感染猫で最初に発見されました。名前から判るように猫汎白血球減少症と症状が類似（食欲不振、体重減少、嘔吐、下痢、白血球減少、貧血など）しているのにもかかわらず、病原学的診断結果は「猫汎白血球減少症ウイルス陰性／猫白血病ウイルス陽性」のため上記のように教科書に記載されてきたものです。猫汎白血球減少症ウイルスの関与を疑っていた研究者もこれまでにはいたようですが証明できませんでした。

論文では、猫白血病ウイルス感染猫に集団発生した「汎白血球減少症類似症候群」に猫汎白血球減少症ウイルスも関与していたことを証明し、かつこの症候群が猫白血病ウイルスと猫汎白血球減少症ウイルスの「協同」によるものであるとしています。

レトロウイルス感染は潜伏期が長いため、発現症状との有意の関連を証明することは容易ではなく、原因がよく判らない病気の犯人にされてしまう（しかもそれで一件落着させてしまう）傾向がないわけではありません。その点では急性感染症は単純明快なことが多く、そのために比較的コントロールもしやすいわけです。本症候群が、遍在している猫汎白血球減少症ウイルスと猫白血病ウイルス（根底には猫白血病ウイルスの免疫抑制作用？）の混合感染によるものなのか、あるいは特殊な猫パルボウイルスによるものなのか、今後のさらなる検討が待たれます。いずれにせよ、個人的にはこの論文を読んだ後、多少ですがお通じがよくなったような気分になりました。（*SAC* 誌 第 102 号、1996 年 4 月）

参考文献

1) Lutz, H. et al., Panleukopenia-like syndrome of FeLV caused by co-infection with FeLV and feline panleukopenia virus. *Vet. Immunol. Immunopathol.,* 46: 21-33, 1995.

イタリアは猫免疫不全ウイルス型、米国は猫白血病ウイルス型

キーワード：猫白血病ウイルス、猫免疫不全ウイルス、猫社会とレトロウイルス、レトロウイルスの感染経路、ツシマヤマネコ、イリオモテヤマネコ、猫フォーミーウイルス、猫スプーマウイルス、イリオモテヤマネコフォーミーウイルス

猫白血病ウイルスが発見されて四半世紀以上経過し、遅ればせながら我が国の猫医学臨床でもワクチンの応用が実際的になってきましたが、猫白血病ウイルス感染症は発熱・元気消失などに呼吸器や下痢症状を伴ってあれよあれよという間に悪化していく急性感染症とは異なり、感染から発病までの期間が長いため、ワクチンの使用についてはとまどっている先生が多いと聞いています。SACの会や折々の学術講演会、あるいは院内セミナーなどを通じて本ウイルスの恐ろしさと予防接種の必要性については、先生方や飼い主のご理解を深めていただいてはおりますが、「猫白血病ウイルスは猫を死亡させる最悪のウイルス」という認識は是非お忘れのないようにお願いいたします。

猫には猫白血病ウイルスの他に、猫免疫不全ウイルスと猫フォーミーウイルス（猫スプーマウイルス）という非内在性の、すなわち猫から猫へ伝播するレトロウイルスが感染します。猫免疫不全ウイルスは約10年前に発見されたウイルスで、人の後天性免疫不全症候群（AIDSエイズ）と類似した経過を猫に起こすことから、猫の臨床のみならずエイズ動物モデルとしての重要性が高まっていることはご承知の通りで、あえて説明するまでもありません。猫フォーミーウイルスは今のところ臨床上の意義がはっきりしませんが、猫免疫不全ウイルスと同じような伝播様式をとって猫間に広まっているようです。病原性がほとんどないために、感染個体を死滅させず子孫代々感染が継代されていると思われます。

野生猫科動物もこれらの猫レトロウイルスに感染しています。猫免疫不全ウイルス陽性のツシマヤマネコが保護されたことは記憶に新しいと思います。飼い猫からの伝播が一番可能性があると考えられています。

イリオモテヤマネコ群は猫フォーミーウイルスに感染しています。ごく最近の研究ではこのイリオモテヤマネコフォーミーウイルスは日本の猫の猫フォーミーウイルスと遺伝学的に相違しており、代々この種内で維持されてきた可能性が考えられます。レトロウイルスによる日本人のルーツ解明と同じように、うまくすればイリオモテヤマネコの起源をパラサイト（寄生体）の解析から明らかにすることができるかもしれません。

ところで「なぜ猫ばかりで犬にはこれらのレトロウイルスが感染していないのだろうか」という疑問をお持ちの先生もいらっしゃると思います。確かに多くの動物種に、コアラにも、蛇にも、レトロウイルスが見つかっています。犬にも逆転写酵素活性を示す粒子や猫免疫不全ウイルスと類似したレンチウイルスが存在するという報告がないわけではありません。先生方から「猫白血病ウイルスと猫免疫不全ウイルスも満足に予防・治療できないのに犬にもあったらとてもじゃないよ」というぼやきが聞こえてきそうですが、幸いにも犬ではこれらのウイルス感染症は全く問題になっておらず結構なかぎりです。白血病ウイルスばかりでなくエイズウイルスまでも問題になっている猫、牛、そして人は近い将来には滅亡するように神に定められているのでしょうか？

今回ご紹介する論文は猫の社会構造とレトロウイルス感染の関係です（参考文献1）。獣医学以外の科学者にとっても猫のレトロウイルスは興味ある研究対象のために、必然的に多くの論文が公表されています。レトロウイルスはRNAワールドとDNAワールドを結ぶメッセンジャーでもあり、ウイルスと宿主との関係を知る格好のモデルの1つなのです。前述の運命付けられた？動物種ではそれどころではなく問題は深刻でしょうが。

それでは、話を猫と猫白血病ウイルス／猫免疫不全ウイルスに戻しましょう。この論文ではフランスの都市部と郊外の猫群の疫学調査成績から両ウイルスの猫社会に対する影響を考察したもので、これまでの考えに沿った結果になっています。両ウイルスの感染戦略は明らかに異なり、猫免疫不全ウイルスは一匹狼的なウイルス陽性のボス雄猫を中心に彼と敵対する、あるいは追落とそうとする若い雄猫との間に闘争で感染を広めています。唾液中には抗体がありますから、ウイルスに感染した血液細胞や体細胞を直接移さなくてはなりません。時には雌猫社会にもウイルスが伝播してくることもあるでしょうが、その後の水平伝播効率は低いことが予測されます。猫の飼育形態から言えば、郊外で猫を自由に生活させている場合です。国ではイタリアなどが「猫免疫不全ウイルス国」に該当します。

猫白血病ウイルスは仲の良い家族社会あるいはコミュニティーの生活習慣に感染戦略を合わせています。ニューヨークのような大都会の猫屋敷で多くの猫が闘争を好まず、お互いに共有しあって生活している環境でウイルスは効率よく伝播していきます。猫白血病ウイルス陽性猫の唾液や体液中には血液と同じ位のウイルスが含まれており（抗体はありません）、日常の生活習慣を巧みに利用して少しずつ粘膜から侵入していくわけです。論文ではスイス、ドイツ、アメリカなどを「猫白血病ウイルス国」としています。

日本については論文では考察されていませんが、東京のような大都会でも多くのノラ猫がいて猫密度も高いので、猫白血病ウイルスも猫免疫不全ウイルスも高率に流行している例外国なのでしょう。猫社会に対する影響は猫免疫不全ウイルスよりも猫白血病ウイルスの方が強く、猫の寿命を大きく引き下げていると考えられます。検査による陽性猫の摘発とワクチンによる予防処置は決して無駄ではありません。今後も猫を伴侶動物として希望するならば彼等の健康管理は我々の責務でしょう。（*SAC* 誌 第111号、1998年6月）

参考文献

1）Fromont, E. et al., Infection strategies of retroviruses and social grouping of domestic cats. *Can. J. Zool.*, 75: 1994-2002, 1997.

猫レトロウイルスは人の病原体にはなっていない

キーワード：レトロウイルス、猫白血病ウイルス、猫免疫不全ウイルス、猫肉腫ウイルス、猫フォーミーウイルス、ゾーノーシス

猫白血病ウイルスも猫免疫不全ウイルスも猫にとっては深刻な問題ウイルス

ですが、猫白血病ウイルスと猫免疫不全ウイルス、特に猫白血病ウイルスは試験管内の人細胞でも増殖すること、あるいは猫に感染すると致死性肉腫を起こす猫肉腫ウイルス（猫白血病ウイルスが猫細胞内ガン遺伝子を組換え現象で獲得して生まれてきたウイルス）が実験的にサルや犬などの他の動物種にも致死性肉腫を形成するという事実などを根拠に、これら猫レトロウイルスの人の健康への脅威が何度となく調査研究されてきました。今回ご紹介する論文は、これまでの検査法の鋭敏度と信頼性、あるいは調査対象グループの適否などの問題点を解消しているとのこと。報告しているのはジョージア州アトランタの疾病管理予防センター（CDC）の研究者です。

1997 年にアトランタで開催された猫の老年医学会に参加した 204 名（そのうち獣医師は 194 名）を調査対象にしています。アンケート調査と血液検査（猫免疫不全ウイルスと猫フォーミーウイルスは抗体検査、猫白血病ウイルスは p27 抗原検査とウイルス遺伝子検査）を実施しています。

学会参加者がどの程度にハイリスクな集団かといいますと、これまでに猫の臨床に平均 17.3 年間従事し、年に 2 回以上の頻度で猫に咬まれたり（94.6％）引っ掻かれたり（97.1％）、さらには注射針事故（86.3％）を起こしています。結論から先に話しますと、これら猫に由来する 3 種のレトロウイルスが人獣共通感染を起こしていることを示す血清学的ならびに分子生物学的証拠は検出されなかったことから、健康で免疫系が正常かつ体力のある成人の獣医療関係者の危険率は極めて小さいものと推察されています。

一般人に比較して獣医師は白血病などの特定癌疾患による死亡率が有意に高いという報告があります。私自身は自身と、前職時代に獣医学科の学生の血液を数回しか調べたことはありませんが、これまでの報告をも合わせて判断しますと、人の疾病の原因としての猫レトロウイルスには重要性はないだろうと思っています。

しかし、これは他の病因との比較の問題でもあり、かつ健康成人に言えることであって、2 歳未満の幼児、年輩者、妊婦、あるいは病気療養中の人などはその限りではありません。病気の動物と頻繁に接触する獣医療関係者はこれまで通りの注意が必要でしょう。猫のレトロウイルスがというよりも、レトロウイルスに感染して病気になっている猫は、例えばトキソプラズマなどが活発

に動いている故にこちらの感染の危険性も増大しているからです。(*SAC* 誌 第 123 号、2001 年 6 月)

参考文献

1) Butera, S. T. et al., Survey of veterinary conference attendees for evidence of zoonotic infection by feline retroviruses. *J. Am. Vet. Med. Assoc.*, 217: 1475-1479, 2000.

第13章

猫エイズウイルスは怖くない

人や猫の免疫不全ウイルスが世の中に出現した時、「これは大変なことになる」と予感しました。しかし、ウイルスとその感染症の特徴が解明されるにつれ、最近では、人も猫もこれらのウイルスと何とかつきあっていけるのではないかと考えるようになってきました。日本では輸血などに伴う医原性以外の人免疫不全ウイルスへの暴露の危険性は、性交渉と薬物中毒に伴う伝播以外はほとんどないようです。恥ずかしいことに、先進諸国では日本だけで少しずつですが感染者が増加し、低年齢層に拡大しています。そして、エイズに対する社会教育を徹底することの方が、遅々として進まないワクチン開発よりもより感染拡大阻止には効果的であると考えられるようになってきています。

しかし、貧困であえぐ開発途上国の人々や、並べて申し訳ありませんが、話しても理解できない動物の場合には、一歩踏み込んだ具体的なサポートが必要です。生活物品の応援などはもちろんのこと、先進諸国の進んだ科学力による予防用ワクチンの開発は一刻を争う重要な問題です。とは言っても、このエイズウイルス、賢くてなかなか手強い相手であることは認めざるをえません。有効なワクチンはいまだ試験段階の域を出ていないのが実情です。その中で、猫用とはいえ、具体的にワクチンが実用化され始めたことは喜ばしい限りです。

2003年9月に、石田卓夫博士が主催する日本臨床獣医学フォーラムに招請されたグラスゴー大学のOswald Jarrett博士を京都へ案内した際、彼は人の（もちろん猫のも）エイズウイルスワクチン開発を一刻も早く成し遂げたいと清水寺の絵馬に願掛けていました。右に同じ気持ちです。

感染している母猫はたとえ健康でも繁殖に用いてはいけません

キーワード：猫免疫不全ウイルスの伝播経路、猫免疫不全ウイルスの標的細胞、血液媒介性伝染病、垂直伝播

猫免疫不全ウイルスの伝播経路についてお話します。猫免疫不全ウイルス感染症は人免疫不全ウイルスと同じく主に血液媒介性の伝染病です。最近のテレビ・新聞などの報道でご存じのようにエイズ薬害問題は大変危惧すべき事態になっています。国内で外科手術を受けた際に投与された止血用製剤で、さらには輸血で感染が起きているらしいことも報道されています。輸血用血液は人免疫不全ウイルスに対する抗体が検査され（現在は感度の高いウイルス遺伝子検出法を使用)、陰性のものだけが用いられています。しかし、感染数日後には抗体が出現し始めるパルボウイルス感染症のような急性感染とは異なり、抗体が陽性になるまで長ければ感染後２か月間位を要しますし、稀に感染２～３年後に抗体が検出されるサイレントインフェクション（無症状感染）の例もあるため、この期間に採血された場合は人免疫不全ウイルス抗体検査システムにチェックされずに用いられることになります。

猫でも状況は似ているので同様な危惧がもたれますが、供血用として飼育され定期的に抗体検査がされていれば問題はないでしょう。しかしより安全を目指して多数の血液のウイルススクリーニングを行うためには、廉価で簡単、鋭敏でしかも特異的な検査法の確立が望まれます。蛇足ですが、近い将来猫の臨床において猫免疫不全ウイルス感染予防用ワクチンが適用範囲を限定して試みられるでしょうが、ワクチンによって作られた抗体と自然感染抗体を見分けられない場合には臨床現場でそのようなウイルス抗原検査法が必須です。できれば同じレンチウイルス感染症の馬伝染性貧血や、同じレトロウイルスの猫白血病ウイルス感染症の撲滅施策のように、ワクチンの導入は次善の策として、現状の抗体検査システムによる浄化を進めた方が獣医ゆえに採用できる賢明な方策と考えます。

医原性の場合も含めた血液以外では何が、どのような経路で猫免疫不全ウイ

ルス伝播に関与しているのでしょうか。猫白血病ウイルスの場合は持続性ウイルス血症を呈していると（体内には中和抗体が存在しません）、唾液中に多量の感染性ウイルスが排泄され、比較的容易に直接・間接伝播する危険性があります。猫免疫不全ウイルス感染初期の6週間ぐらいはウイルスが唾液腺上皮細胞で活発に増殖し、主たる感染源になっているようです。その後、慢性持続感染の無症候期に入ると唾液中に抗体も出現するため感染力が低下し唾液を介しては伝播しにくくなると考えられます。

猫免疫不全ウイルスは人免疫不全ウイルスと同様にCD4陽性リンパ球ばかりでなくマクロファージやその他のCD4陰性細胞にも感染するようで、これまでに上記の唾液腺上皮細胞の他、骨髄の単核細胞や巨核球、脳の星状細胞、小グリア細胞あるいは内皮細胞、リンパ節の小胞樹状細胞、精液細胞などが報告されています。その結果、唾液、母乳、膣液、精液などの体液を介しても口腔や直腸などの粘膜経由で、効率は悪いものの水平伝播するものと推察され、闘争などによる傷はウイルスの水平伝播をより促進していると考えられています。ただ人とは異なり、猫での性行為による水平伝播の重要性は低いようです。

垂直伝播についてはこれまでほとんど何も判っていませんでした。垂直伝播は、1）経母乳、2）経産道、3）経胎盤（子宮内）、および4）経卵子に区別されますが、厳密な意味では3）と4）が該当し、猫白血病ウイルス感染症ではすでに証明されています。

これまで、猫免疫不全ウイルス感染初期の母猫から生まれた子猫が、母乳を介して感染したらしいことは報告されていました。妊娠と初感染急性期が重なったため、感染性の強いウイルスが排泄され新生子猫に伝播したものと考えられています。これは特殊なケースでしょうが、猫免疫不全ウイルスが母猫から子猫に伝わる事実には相違ありません。しかし、すでに何か月も、何年も前に感染し、いわゆる健康キャリアー状態の猫が妊娠した場合はどうなるのか不明でした。おそらく日常臨床で遭遇するほとんどの症例や飼い主からの相談はこれだろうと思います。

そこで紹介するのはコロラド州フォートコリンズ、Ed Hooverの研究室からの論文です（参考文献1）。妊娠の平均14か月前に猫免疫不全ウイルスに感染した母猫から生まれた子猫の71％にウイルスは伝播し、約半数は生まれたその日にすでにウイルス陽性でした。20％の猫が妊娠後期に子宮内感染をしていました。また、経母乳感染や経産道感染の可能性も強く疑われており、慢性持続感染母猫が妊娠分娩すると垂直感染が起きる危険性が強いことが示唆されています。さらに、母猫の感染期間が長いほど（15か月以上）、CD4陽性リンパ球数が少ないほど（200個以下／μℓ）、また臨床症状発現の程度に比例して垂直感染の危険性が高まることが指摘されています。したがって、猫免疫不全ウイルス抗体陽性猫を繁殖に用いてはいけません。

1996年3月に米国で開かれた、第3回国際猫レトロウイルス研究シンポジウムに参加しました。報告の大部分は猫免疫不全ウイルスとその感染症に関するもので、しかもその多くは人のエイズの動物実験モデルとして行われています。研究費の問題もあるのでしょう。猫における成果が人類の健康と幸福に役立つのであれば真に喜ばしいことですが、もう少し「猫のための研究」があってもと感じました。（*SAC* 誌 第104号、1996年9月）

参考文献

1）O'neil, L. L. et al., Frequent perinatal transmission of feline immunodeficiency virus by chronically infected cats. *J. Virol.*, 70: 2894- 2901, 1996.

世界で最初の猫エイズ予防用ワクチンの登場

キーワード： 猫エイズ予防用ワクチン、抗体依存性増強（ADE）、全ウイルス不活化ワクチン、ウイルス感染細胞不活化ワクチン

昨年秋、20世紀の終わりに、人の感染症撲滅に向けた長い戦いの歴史の中で1つの区切りとなる嬉しいニュースがあったのをご記憶の先生方も多いと思います。「京都宣言」として世界保健機関が発表したもので、日本、中国、オーストラリアなど西太平洋の37か国・地域からポリオが根絶されました。ポリオウイルスに感染すると最悪の場合は「小児まひ」と称される機能障害後遺症が起きることはよく知られています。今から40年前の日本では年間5,000人以上の届け出患者がありました。子供ながらに感じた恐怖は忘れることはできません。

ポリオウイルスは腸内ウイルスですから糞－口経路で感染します。感染防御の基本は予防接種と衛生管理です。地域内の全ての子供にワクチンを投与することで病原体を駆逐したわけですが、ワクチン代だけでも当初 40 億円も必要だったと聞いています。1994 年の南北アメリカ地域について、官民一体の支援によりこの偉業が成し遂げられました。2005 年までには先の天然痘（1980 年 5 月 8 日撲滅宣言）に次いで、地球上からポリオを完全に根絶という目標に向かって努力は継続されます。

同じように、我が国の畜産界においても「豚コレラ」が根絶されたことは明るいニュースです。いずれにしてもその主戦術は正確な摘発診断技術と全個体への免疫付与です。ポリオも豚コレラもいうなれば人や豚のコアウイルス病です。人間らしく、また豚らしく？健康で安心した生活をおくるために必ず防御しなければならないウイルス病をコアウイルス病ということはすでにお話しました。猫汎白血球減少症、猫ウイルス性鼻気管炎、猫カリシウイルス病が猫の、狂犬病、犬ジステンパー、犬パルボウイルス病、それから犬伝染性肝炎が犬のコアウイルス病です。これらの感染症に対するワクチンは 100％完成品ではありませんが、幸いなことに多くの国々で使われるようになってきています。しかし、日本におけるワクチン接種率は低く、お寒い状況としか言えないのが残念です。ポリオや豚コレラの成功例は集団免疫を間断なく遂行することで感染病が根絶できることを証明しています。

犬や猫のウイルス病の中には未だに有効なワクチンが作出されていないために診断（摘発淘汰方式）だけで対応せざるを得ないものがあります。なかでも猫コロナウイルス感染症（猫伝染性腹膜炎：FIP）と猫免疫不全ウイルス感染症は早急にワクチンという戦術が望まれています。動物愛護的でないとの誹りを受けそうですが、摘発淘汰方式はもう不要ということではありません。同じレトロウイルスの猫白血病ウイルス感染症ではこの戦術の有効性が見事に証明されており、今でも最善の方法です。それにワクチンが加わればさらに安心というわけです。

猫エイズと FIP ともにこれまでのワクチン開発戦略では対応できそうもないことが言われています。すなわち、ただ単に血液中に抗体を産生させれば済むというわけでなく、ウイルス感染細胞を攻撃する特異細胞性免疫を誘導するタイプのワクチンが必要です。それには生ワクチンが伝統的に使われてきました。犬ジステンパーワクチンはその典型です。しかし、猫免疫不全ウイルスの場合は、宿主DNAの中にウイルス遺伝子が組込まれることから生ワクチンは使えません。加えて悪いことにこの2つのウイルス病の場合には、ワクチンによって産生される抗体、本来ならば細胞外のウイルスを中和する味方のはずが、逆に敵方にまわっているらしいことが実験的に観察されています。抗体が感染を増強させるために（抗体依存性増強：ADE）、これまでのタイプの生ワクチン、もちろん不活化ワクチンも、むしろ「百害あって一利なし」ということになります。そこで、どうしても強力かつ特異的な細胞性免疫を誘導するタイプのワクチンをと、様々な試行錯誤がくり返されてきました。

そこで猫免疫不全ウイルスワクチンに関する最近の動向をご紹介します。DNA（遺伝子）ワクチン、（意外にも）全ウイルス不活化ワクチン、およびウイルス感染細胞不活化ワクチンに光明が見い出されてきています。DNAワクチンは他のウイルス病でも感染タイプの細胞性免疫を誘導する新技術として大きな期待がかけられています。それに、さらに数種の免疫調節作用性のインターフェロンや各種インターロイキン遺伝子をアジュバントにして効果を増強させた猫免疫不全ウイルス感染症予防ワクチンが試作されています。

一方、全ウイルス不活化猫免疫不全ウイルスワクチンは、強い液性応答だけでなく、細胞性免疫をも特に強めるアジュバントの発見が成功の秘訣のようです。複数の抗原性サブタイプ（少なくてもA～Eの5型）の問題など実用化までには解決すべき問題もあります。まず1つめはグラスゴー大学研究チームの、DNAワクチンより不活化ウイルスワクチンの方が抗原性の異なるサブタイプの強毒猫免疫不全ウイルスの攻撃に対して有効性が高かったという研究です（参考文献1）。

もう1つは、イタリアのピサ大学研究チームのウイルス感染細胞不活化ワクチンの野外応用成績です。約2年間の観察期間中、ワクチン接種をした12頭の全ての猫が感染から防御されたのに対し、未接種の対照猫14頭中5頭が感染し、論文を読んだかぎりでは希望が持てそうです。いずれにしてもあと2年程で実用化されるというのが大方の予測ですが、どのワクチンが一番かという議論よりも異なるタイプのワクチンを併用した予防接種プログラムの開発も

1 つの選択肢として重要でしょう。（*SAC* 誌 第 122 号、2001 年 3 月）

参考文献

1）Hosie, M. J. et al., Vaccination with inactivated virus but not viral DNA reduces virus load following with a heterologous and virulent isolate of feline immunodeficiency virus. *J. Virol.*, 74: 9403-9411, 2000.
2）Matteucci, D. et al., Immunogenicity of an anti-clade B feline immunodeficiency fixed-cell virus vaccine in field cats. *J. Virol.*, 74: 10911-10919, 2000.

猫免疫不全ウイルス感染猫は健常猫と同じように長生きする

キーワード：猫免疫不全ウイルス、猫白血病ウイルス、猫コロナウイルス、猫伝染性腹膜炎、FIP

死亡率が高いという点で、幼猫にとって最も恐ろしいウイルス感染症は、間違いなく汎白血球減少症でしょう。一方、成猫が急性の感染症で死亡することは少ないのですが、死亡率が高いのは猫白血病ウイルス感染症です。「猫白血病ウイルスは猫の寿命を左右している」とか「殺猫ウイルス」とも言われてきましたが、多くの場合は生後半年以内に感染し、持続感染の結果、3 〜 4 年内の発症死亡率が 80 〜 90％に達することはご承知の通りで、子猫の時に感染させないようにすることが猫を健康で長生きさせるコツの 1 つと言えます。

持続感染すると難儀なウイルスは他にも猫コロナウイルスや猫免疫不全ウイルスがあります。前者は「猫伝染性腹膜炎（FIP）」、後者はいわゆる「猫エイズ」という病気の原因になり、予後不良です。これら 3 つのウイルス病は感染から発病までの潜伏期が長く、発症に関与する因子も多様で実験研究の難しい病気といえます。グラスゴー大学の Daian Addie らは、外から新猫の導入がない 26 頭の猫を飼育する家庭で、上記 3 種類のウイルスが感染を始めた時にどのような影響を猫に与えたのか、10 年間にわたって疫学解析しました（参考文献 1）。これまでの定説を裏付けるデータ、意外なデータなど興味ある内容です。

猫白血病ウイルス：調査開始時点でウイルスに感染していた猫 7 頭のうち 6 頭は 2 年内に、残り 1 頭は 5 年内に死亡し、生残した猫は全て免疫状態、すなわち再感染抵抗状態になっていました。言い換えますと、閉鎖系猫群の猫白血病ウイルスの流行は放っておいても 5 年内に自然解消するということです。これまでの経験から少なくとも猫の 3 分の 1 は生残します。中和抗体の測定はこのような環境内の猫の予後判定の良好な指標となります。

猫コロナウイルス：この猫群は猫免疫不全ウイルスの流行も加勢してか、全ての猫が猫コロナウイルスに感染し、抗体価は増減をくり返し、抗体が減弱してきた猫はおそらく群内のキャリアー猫から再感染を受けていたようです。したがって、猫が互いに接触できる多頭飼育環境では全頭調べる必要はなく、ランダムに数頭検査することで全体が把握できると同時に、理論的には抗体陽性猫と陰性猫を隔離飼育することで猫コロナウイルスの清浄化は可能のようです。FIP まで進行した猫は猫免疫不全ウイルスにも感染していた 1 頭で、コロナウイルス抗体価の上昇変動は FIP 発症を示唆するものではなく、実験的には抗体は再感染時に病状増悪的に働く（抗体依存性増強）のに対して、自然感染では再感染に抵抗性を付与しているようです。また、猫白血病ウイルスや猫免疫不全ウイルスの混合感染は、必ずしも猫コロナウイルス感染猫を FIP に進行させるものでもありませんでした。

猫免疫不全ウイルス：この群内の猫は仲良しで喧嘩などは起こしていないのにもかかわらず、相互のグルーミングなど唾液を介してウイルスは猫間にじわじわと蔓延していたようです。ウイルス暴露後の感染免疫は成立していないようです。しかし、猫免疫不全ウイルス感染猫が非感染猫に比べて短命だったかというと、統計学的な有意差こそありませんでしたが、むしろ長命であったという意外な結果です。もちろん、その猫群に流行っていた猫免疫不全ウイルス株の毒力などにも左右されるでしょう。これは猫白血病ウイルス感染とは好対照をなし、短絡的に陽性猫の淘汰という管理方法は猫免疫不全ウイルス感染には正当化できないもので、陽性猫と陰性猫を離して飼育することで十分な対策になるということになります。（*SAC* 誌 第 123 号、2001 年 6 月）

参考文献

1）Addie, D. et al., Long-term impact on a closed household of pet cats of natural infection with feline coronavirus, feline leukaemia virus and feline immunodeficiency virus. *Vet. Rec.*, 146: 419-424, 2000.

獣医師は危険な職業である：猫エイズウイルスが霊長類に感染した

キーワード：獣医師の社会的責務、猫免疫不全ウイルスの種間伝播、ウイルス性ゾーノーシス、レンチウイルスベクター、遺伝子治療、医療事故

獣医業の社会への貢献方法には大きく分けると３つあると思います。まず、安全な畜産物の提供です。これは牛馬綿山羊、豚や鶏、あるいは養殖魚類などの産業動物の健全な育成を図ることで、安全な食品の提供に貢献することです。国や地域によっては食習慣が異なることから家畜間の重要度には相違がみられますが、我が国では牛、豚、鶏の比重が高いのはご承知の通りです。2001 年 9 月に発見された牛の狂牛病症例とそれに端を発した一連の騒動は、まさしく畜産行政をも含めた我が国獣医業界の最大の試練であることは間違いありません。単なる業界内の問題ではなく日本の社会からのチャレンジであり、対応とその成果如何によってはこれまで築いてきた信頼を失いかねません。（その後、政府内閣府に食品安全委員会が設立されたのはご承知の通りです）

２つ目は 1950 年以降、特にここ数十年に急速に需要度が高まった伴侶動物医療の提供です。社会の成熟に伴い、心の安らぎを犬や猫などのペットに求める傾向は高まる一方で、「ペットとガーデニングは不況知らず」とまで言われています。必然的にそちらに活躍の場を求める獣医師が増え、より高度な医療体制となり、獣医学の進歩に多大な貢献をしてきています。小動物臨床獣医学は、獣医学教育を含め獣医界そのものの核になってきていることには疑いもなく、これは洋の東西を問いません。今後も我々人の医療と同じような発展経緯をとることが予測され、例えば、高齢化医療対策などが真剣に扱われるようになってきています。馬も今では伴侶動物として考えるようになってきていますが、欧米のような馬をまじえた日常生活は国内では難しいことから限定されています。「明治以後、我が国の獣医学は軍隊のための馬学が中心となって…」などと話しても無駄でしょうね。

３番目は我々人の健康問題に関する公衆衛生的貢献です。動物社会と人間社会が完全に隔離されて成り立っているわけではありません。確かに最近の我が国では産業動物は我々の住環境からは遠ざかっていますが、逆に伴侶小動物は

以前よりも入り込んでいます。これは、動物からの危害を直接的な影響から見た場合で、産業動物も間接的には畜産製品を介して先の狂牛病のように潜在的に我々の健康へ多大な影響を及ぼします。獣医学から見たペットの動物種の範囲は比較的狭いものですが、一般社会の人々は、は虫類や両生類など極めて多様な動物種をペットとして飼育するために、しかもそれらが自由に国内に入り込んでくる現状では、想像もつかない病気が人に伝播する危険も否定されません。しかし、多くの場合は種特異性の低い、逆に言いますと、人を含めた多くの動物種に感染するような、狂犬病、トキソプラズマ、クラミジア、レプトスピラ、サルモネラ菌や大腸菌などが問題となります。これらを人獣共通感染症（ゾーノーシス）と呼んでいるのはご承知の通りです。

ここ数回、このコーナーでは犬や猫のウイルスを中心に人への感染の危険性について最新の文献情報を提供してきました。しかしそれらは、今直ぐにでも猛威をふるって流行するようなものではありませんし、一方、先生方を脅かす意図でもありません。獣医師として最新の科学情報を知っておくことは、自身の身を守るためばかりでなく、顧客である動物の飼い主に対して安全な飼育に関する適切なアドバイスをするために必要と考えているからです。

小生がこの道に入った1970年代初めの頃、犬と猫に由来するウイルス性ゾーノーシスには狂犬病しか判っていませんでした。その後ウイルス学をはじめとする諸学問の進展に伴い、例えば、ロタウイルス、レオウイルス、猫白血病ウイルス、猫肉腫ウイルス、犬と猫のパルボウイルス、あるいは犬ジステンパーウイルスなどが人、あるいは霊長目動物に *in vivo* あるいは *in vitro* で感染する危険性が指摘されてきました。しかし、ロタウイルス以外はあくまでも潜在的危険性にとどまっています。

そこで今回はきわめつけの科学情報をご紹介します。猫免疫不全ウイルスが（人は実験には使えませんから）霊長目動物（マカク属のサル、*Macaca fasicularis*、ここでは簡単にするためにサルとします）に感染し、発病させるというショッキングな論文です（参考文献1）。

カナダのカルガリー大学らの研究チームの一連の研究報告の最新版で、これまで *in vitro* でもサルや人の細胞で猫免疫不全ウイルスが増殖する事実を見つけ出していました。猫免疫不全ウイルス発見当初、先に発見されていた人エイズウイルスとの近縁性から猫免疫不全ウイルスのゾーノーシスとしての危険性が問われたことがありましたが、確か、人のリンパ系細胞で増殖しないという理由などからその危惧も薄らいで今日に至っています。しかし、本当のところは誰も深くは検討していなかったのでしょうか。

猫免疫不全ウイルスをサルに感染させた方法は多少特殊な設定です。サルから取り出した末梢血リンパ球を *in vitro* で猫免疫不全ウイルス Petaluma 株に感染させてウイルス産生状態にし、それを元のサルの血液中に戻しました。cell-free のウイルスでは感染させにくいこと、同種（この場合サル）感染細胞の方が異種（この場合猫）感染細胞より病原性が強いこと、猫細胞成分に対するサル独特の自然免疫などの理由からです。

その結果、サルは猫の場合と同じように CD4 陽性細胞や体重の減少を起こし、血液細胞や脾などには猫免疫不全ウイルス特異遺伝子が検出されました。しかしサルでは、猫免疫不全ウイルスに対する初期感染反応と抗体産生には個体間で大きな差が見られ、猫免疫不全ウイルスはその後はおとなしく潜伏しましたが、刺激すると *in vivo* でもウイルスの再活性化が見られています。これらの結果から著者らは、人遺伝子治療にレンチウイルスベクターを用いることや異種間臓器移植による新たな人病原体の出現の潜在的危険性について懸念を表明しています。

細かいことですが、猫免疫不全ウイルスや人エイズウイルス、あるいは馬伝染性貧血ウイルスなどのレンチウイルスの診断は抗体検出で行い、「抗体陽性＝ウイルス陽性」と理解します。しかし、異種レンチウイルスの感染、例えば疫学調査目的で猫免疫不全ウイルスの人への感染を抗体検査にて調べると偽陰性の危険があることにも言及しています。

本報告では2頭のサルしか使っておりませんが、仮にこの事実に普遍性があるとしたら、獣医師は猫免疫不全ウイルス陽性の猫の血液には要注意であることは言わずもがなで、おそらく一般社会でこのような猫免疫不全ウイルスに感染する危険性が存在するとしたら、それは獣医師とその職場だけでしょうから。（SAC 誌 第125号、2001年12月）

参考文献

1）Johnston, J. B. et al., Xenoinfection of nonhuman primates by feline immunodeficiency virus. *Current Biology*, 11: 1109-1113, 2001.

免疫力が高まっていると猫免疫不全ウイルスに感染しやすい？

キーワード：レンチウイルスワクチン、人エイズウイルス、猫免疫不全ウイルス

2002年8月に米国内で猫免疫不全ウイルス感染防止用の全ウイルス不活化2価ワクチンが市販され、使い始めた獣医師が多いとか。西海岸ではサブタイプAが多いために、東海岸よりも好評のようです。心配していた有効性も処置後1年経過した実験猫で80%以上を示すデータが公表されています。成功の秘密はともかくとしても、これがレンチウイルスワクチンとしては世界最初ということになります（1976年末に中国ハルピン市の東北農学院に牛の下痢症ウイルスの研究指導で招請されていた折、当地の畜産研究所で馬の伝染性貧血レンチウイルスのワクチンを開発応用しているという説明を受けた記憶はありますが)。

人免疫不全ウイルスの場合を含めてなぜワクチン開発が難しいかといいますと、これまでのワクチン戦略で得られる抗体はレンチウイルスの体内増殖を増強させてしまう点にあります。そこで、抗体を産生せずに細胞性免疫だけを高めればウイルスの増殖を抑制しワクチンとして有効であろうと考えられてきました。しかし、最近公表された論文では、Tリンパ球を刺激して細胞性免疫を誘導しようとすると、逆に、エイズウイルスの増殖にとって格好の場を提供してしまうことが示されました(参考文献1)。似たようなことを米国のあるメーカーも公表しています。

また、これは他の感染症予防ワクチンでも同じことが想定されます。不確実な情報ですが、一般に猫を予防接種した後しばらく（1か月くらい？）は猫免疫不全ウイルスに暴露すると感染しやすいかもしれませんので、特に猫免疫不全ウイルス感染状態不明の猫との接触は避けた方が賢明かもしれません。(*SAC*

誌第 130 号、2003 年 3 月)

参考文献

1) Richardson, J. et al., Lymphoid activation: a confounding factor in AIDS vaccine development? *J. Gen. Virol.*, 83: 2515-2521, 2002.

人エイズウイルス感染予防用ワクチンの開発

キーワード：猫免疫不全ウイルス弱毒化生ワクチン、猫免疫不全ウイルス、人エイズウイルス、粘膜感染、異種ワクチン、野生猫科動物レンチウイルス

猫免疫不全ウイルス感染症の第 1 世代ワクチンは、不活化全ウイルスワクチン、あるいは不活化ウイルス感染細胞ワクチンになります。前者はすでに市販されて 1 年以上経過していますので、これから野外評価レポートが出てくるでしょう。後者も公表されている野外試験レベルでは好成績を収めています。これらが広く獣医臨床で猫に応用されることで猫の健康に寄与するばかりでなく、人免疫不全ウイルス感染症、いわゆるエイズ（後天性免疫不全症候群：AIDS）予防ワクチン開発に光明となる道筋を示してくれるでしょう。

ある統計によれば毎日 15,000 人以上が人免疫不全ウイルスに感染し、その多くは開発途上国の女性や新生児です。このままさらなる有効な医学的予防策が講じられない場合、人免疫不全ウイルス出現以前の予測とは異なって、今世紀前半には世界の人口が減少傾向に転じるだろうという話もまんざら空言ではないかもしれません。

猫においても人においても、猫免疫不全ウイルスや人免疫不全ウイルスの自然感染から、宿主独自の免疫能力により回復した症例がないという事実は、たとえワクチンで免疫を付与してもほとんど効力を発揮しないだろうという失望感を広く持たせています。しかし、猫やサルを用いた実験から猫免疫不全ウイルスや人免疫不全ウイルスに暴露した際に、特に強力な特異的細胞性免疫が初期に惹起されるように感作しておけば、少なくても腹腔内や筋肉内経路による（細胞から遊離した）ウイルスの攻撃に耐過する可能性が示され、例えば米国フォートダッジアニマルヘルスの猫免疫不全ウイルス全ウイルス不活化ワクチ

ンの商品開発などにつながっています。

猫の場合、一般には咬傷による猫免疫不全ウイルス感染細胞の血液内への直接侵入による伝播が主体ですので、強毒ウイルスの注射攻撃によるワクチン効力の評価はそれでも別段構わないのでしょう。人の場合、輸血などの医原性や薬物中毒患者の不潔な注射器使い回しなどの特殊例は別として、感染リンパ球による粘膜感染を防ぐワクチンでないと開発途上国で現実に起きている人免疫不全ウイルス感染環を断ち切ることはできません。残念ながら満足のいく粘膜感染防御ワクチンは開発されていません。

猫の場合、市販猫免疫不全ウイルスワクチンでは有効な免疫の獲得には初回処置に少なくても3回の接種が必要です。猫免疫不全ウイルス感染ハイリスクの猫ではそれも許容されるでしょうが、実際、犬でも猫でもワクチンのために複数回の来院を願うのは容易ではありません。免疫持続期間が長く、有効スペクトルが広く、接種回数が少なく、副反応が低く、そして安価であることがワクチンを受ける側にとって望ましいワクチンで、多くの場合は弱毒生ワクチンの方が不活化ワクチンよりこれらの条件を満たしています。

しかし生ワクチンの場合、問題は安全性です。特に猫免疫不全ウイルスも人免疫不全ウイルスも白血病ウイルスとは異なる細胞傷害性ウイルスとはいえレトロウイルスですから、たとえワクチンウイルスでも主としてリンパ球に持続感染します。長期間の持続感染中には野外ウイルスとの組換えによる病原性の復帰や、持続感染細胞の癌化など重大な問題が起きる可能性は否定できません。したがって、これまでは誰しもレトロウイルス感染症に対する生ウイルスワクチンの応用は禁忌と考えてきました。あくまでも研究であると。しかし最近になってワクチン、例えばレンチウイルス用ワクチンなどに対する考え方が、個人的にも、少し変化してきています。

基本的に生ウイルスワクチンは接種後一度は感染するものの、持続感染は想定していません。もちろんどの位の感染期間を「一度の感染」とみなすかはウイルス種にもよるでしょうが、自然感染時に持続感染するウイルスではワクチンウイルスでも同じような宿主との関係が起きる可能性は大いにあります。しかし仮に、ワクチンウイルスが持続感染を起こしたとしても、宿主動物の健康に何ら障害性でなければ構わないのではないだろうか、という考えです。「腸内細菌叢に外から善玉菌を植え付けて悪玉菌を制御する」ようなものです。

具体的に説明しましょう（参考文献 1)。猫免疫不全ウイルス Petaluma 株（最初の猫免疫不全ウイルス分離株）を猫リンパ球細胞で 381 代継代した（1 週間に 1 回の継代だそうですから約 8 年間もかかっている）ウイルスを猫に 1 mℓ 静脈内接種し 18 か月後と 50 か月後、強毒ウイルス株（Petaluma 株と同じサブタイプですが遺伝子レベルでは約 10％位異なっている）の遊離ウイルスによる腹腔内、あるいは感染細胞による膣粘膜攻撃し、さらに 12 か月間観察しました。

結果として、

1）ワクチンウイルスは予想通りに持続感染しましたが、ワクチン処置後 50 か月間何ら臨床病理学的異常は起こしませんでした。すなわち正常に経過しました。

2）遊離ウイルスによる腹腔内攻撃を完全に阻止する少なくても 4 年間以上継続する免疫が付与されていました。

3）残念ながら膣粘膜攻撃では攻撃ウイルスの増殖や臨床病理学的異常の発現を完全に阻止することはできなかったものの、かなり抑制することは可能でした。そして、

4）以上の結果はこの猫免疫不全ウイルス生ウイルスワクチンの野外試験への応用を正当化するものであると考えられるとのこと。

最近の疫学調査では猫免疫不全ウイルス感染猫は非感染猫と同じくらいの寿命があることも示されています。

このような生タイプワクチンの別なアプローチに異種ワクチンがあります。やはり最近になってコロラド州立大学から報告された、ライオンやピューマのレンチウイルス（猫免疫不全ウイルス類似ウイルス）をワクチンとして猫に感染させるとその後の猫免疫不全ウイルス攻撃にある程度耐過し、人のエイズウイルス感染防止用にサルの免疫不全弱毒化ウイルスを用いることの可能性を支持しています（参考文献 2)。

猫と人の寿命は違います。しかしどちらも不幸にしてハイリスクであるならばこの種のワクチンは受け入れますか？　それとも多少効きが悪くても安全なワクチンを選択しますか？　自身を含め日本で生まれ育ったのでは、開発途上

国でのエイズ問題は切実には理解できないかもしれません。(*SAC*誌 第134号、2004年1月)

参考文献

1) Pistello, M. et al., AIDS vaccination studies using an ex vivo feline immunodeficiency virus model: Protection from an intraclade challenge administered systemically or mucosally by an attenuated vaccine. *J. Virol.*, 77: 10740-10750, 2003.
2) VanderWoude, S. et al., Domestic cats infected with lion or puma lentivirus develop anti-feline immunodeficiency virus immune response. *J. Acquired Immune Defi. Syn.*, 34: 20-31, 2003.

第 14 章

その他のちょっと気になる話

本章では、犬と猫の主要なウイルス病以外の、でも大切な感染症についてまとめてあります。

ペットに神経異常を示すボルナ病ウイルスは人獣共通感染症？

キーワード：中枢神経病原性ウイルス、ボルナ病ウイルス、staggering disease、種間伝播、安全な伴侶動物

猫に中枢神経系の症状を発現させる危険性のあるウイルスには、猫白血病ウイルス、猫免疫不全ウイルス、猫伝染性腹膜炎ウイルス、猫ウイルス性鼻気管炎ウイルス、猫汎白血球減少症ウイルス、狂犬病ウイルス、オーエスキー病ウイルスなどが挙げられます。後者4種ウイルスは周囲に存在していなかったり、胎児や新生子の感染病型など特例的です。一方、猫白血病ウイルス、猫免疫不全ウイルス、あるいは猫伝染性腹膜炎ウイルスに原因するものは感染症型の1つとして野外で発生しています。

犬では犬コロナウイルス、犬ヘルペスウイルス、狂犬病ウイルス、オーエスキー病ウイルスなどが特例的に中枢神経症状を起こしますが、日常の臨床で一番多いのは犬ジステンパーウイルスでしょう。

これらの猫白血病ウイルス、猫免疫不全ウイルス、猫伝染性腹膜炎ウイルス、犬ジステンパーウイルス感染症には満足とは言えませんが、診断法が開発されています。しかし、これらのウイルスではないという結果が出てきた時、「はて困った」ということも多いのではないでしょうか。

ここ数年、国内外でボルナ病ウイルス（Borna disease virus）と人や猫の神経症状や精神疾患との関連について考察されることが多くなってきました。これまで原因不明であった猫の中枢神経症状の原因の 1 つとして、あるいは単純に猫の疾病の原因になっているのかどうか調査研究が始まっています。その後、犬のボルナ病ウイルス感染を示す論文も公表されるようになりましたので、今回は「猫と犬のボルナ病」について紹介いたします。

ボルナ病は中枢神経系のウイルス感染が原因で、馬の他にも羊、牛、猫、ウサギあるいは動物園動物も感染していることが明らかにされました。ボルナ病の自然症例は主にヨーロッパに限局されているように、猫のボルナ病ウイルス感染を示す報告もスウェーデンとオーストリアから出ています。「staggering disease」というボルナ病ウイルス感染によると考えられている神経症状を呈する猫ばかりでなく、一見健康な猫にも抗体やウイルス遺伝子が高率に見い出されています。検査法の特異性などの問題もあって浸潤の程度は報告によってまちまちですが、米国、オーストラリア、日本にも感染例が存在することには間違いなさそうです。まず猫のボルナ病について紹介いたしましょう（参考文献 1）。

種特異的なボルナ病ウイルス、例えば、「猫ボルナウイルス」、の存在は未だ証明されてはいませんが、著者らは猫分離株を用いた実験感染成績などを根拠に「staggering disease」が猫ボルナ病であることを説いています。そして、この論文では初めて（スウェーデンの）猫のボルナ病の疫学的考察がなされています。

1）ボルナ病は田園／森林の多い地域の、雌よりも雄の、また未去勢の猫に、さらに外でネズミなどを追いかけることが好きな猫に起こりやすいこと。

2）猫間の伝播は容易には起きていそうもないこと。

3）自然界におけるウイルス保有動物は不明であるが、実験動物として感受性のあるげっ歯類動物が不顕性感染し、ウイルスキャリアーになっている可能性があること。

など猫ボルナ病の発症因子について述べています。

一方、犬はボルナ病ウイルスに感受性の動物種とはみなされていませんでした。しかし、今年になって下記のような報告が出されました（参考文献 2)。1994 年 9 月、オーストリア西部で、元気消失、食欲不振を主訴に動物病院を訪れた 2 歳の雌のハスキー犬が、2 日後、狂犬病あるいは犬ジステンパーを疑う激しい進行性の中枢神経症状を呈し、非化膿性髄膜脳炎と診断されました。脳組織にはボルナ病ウイルスに特異的な抗原とウイルス遺伝子が検出され、PCR で増幅された遺伝子断片の配列は既知のボルナ病ウイルスのそれと高い相同率を示し、この症例はボルナ病と診断されました。

これまでの猫のボルナ病の特徴として、

1）多くの症例が必ずしもボルナ病流行地域とは関係していないこと、

2）典型的なボルナ病症状が発現されていないこと、

3）組織内に膨大なウイルス抗原が出現しにくいこと、

などが挙げられていました。

今回の犬の症例はこれらと異なっており、

1）神経病理学所見はむしろ馬のボルナ病と類似していること、

2）患犬が飼育されていた地方では馬のボルナ病が風土病として存在しており、犬から得られたウイルス遺伝子とその地域の馬のボルナ病ウイルス遺伝子が一致すること、

などから、そこで流行していたボルナ病ウイルス株に起因する（馬から犬への種間伝播？）と考察されています。これが希有な症例なのかどうかは不明ですが、少なくともボルナ病が風土病として流行している地方の、神経病や原因不明の非化膿性脳炎の犬はボルナ病ウイルス感染の類症鑑別の必要性が指摘されています。

これまで数多くの動物種から非常に類似した遺伝子配列を示すボルナ病ウイルス株が見つかっていることから人と動物の共通感染症であることが強く示唆されています。人の感染源は特定されていませんが、猫はその可能性の 1 つとして考えられます。動物の健康は最終的には我々人の問題でもあります。産業動物の病気を管理して「安全な食料」を確保するのが獣医師の重大な使命でした。次に、人の生活環境に同居している伴侶動物の病気を予防・治療することも獣医師に求められ、その結果、現在の小動物獣医療の繁栄があります。そ

して今、「安全な伴侶動物」を提供するのも社会における獣医師の責務の1つとなってきています。(*SAC* 誌 第112号、1998年12月)

なお2002年には国内でも最初の犬症例が報告されました(参考文献3)。

参考文献

1) Berg, A-L. et al., Case control study of feline Borna disease in Sweden. *Vet. Rec.,* 142: 715-717, 1998.
2) Weissenbock, H. et al., Borna disease in a dog with lethal meningoencephalitis. *J. Clin. Microbiol.,* 36: 2127-2130, 1998.
3) Okamoto, M. et al., Borna disease in a dog in Japan. *J. Comp. Pathal.,* 126: 312-317, 2002.

犬の尿は危険がいっぱい：レプトスピラの感染源

キーワード：新家畜伝染病予防法、レプトスピラ、ワクチン、ゾーノーシス

平成10年4月より、新家畜伝染病予防法が完全施行されるようになったことはご存じのことと思います。改正新法では獣医師あるいは家畜の所有者が病気を発見した時、都道府県知事に届け出を行う必要のある病気を「監視伝染病」といい、「家畜伝染病(いわゆる法定伝染病)」と「届出伝染病」の総称です。旧法定伝染病リストから流行性感冒、気腫疽、豚丹毒が削除され、新たに伝染性海綿状脳症、水胞性口炎、リフトバレー熱、アフリカ馬疫、鶏チフスが加えられて26種類になり、飼育されている「しか」と「いのしし」も対象家畜に加えられました。

届出伝染病はこれまでの16種から70種に拡大され、犬と兎を対象とした届出伝染病が新たに加わりました。兎の野兎病、兎粘液腫、兎ウイルス性出血病(カリシウイルス病です)、犬のレプトスピラ症が該当します。したがって、法律では犬のレプトスピラ症を発見したら届けなくてはいけません。ただし、次の血清型に限るという但し書きがあります：オータムナーリス(秋疫A)、オーストラーリス(秋疫C)、カニコーラ、イクテロヘモレージア、グリポティフォーサ、ハージョ、ポモナ。

東京地区などの都市部で診療されている先生方が実際にレプトスピラ症に遭

遇することは近年稀になってきていることを耳にします。その理由の第 1 は犬や猫の飼育形態の変化でしょう。

もともとレプトスピラ（スピロヘータに分類される細菌です）は亜熱帯性～熱帯性感染症で、保菌状態のげっ歯類、家畜・野生動物などの尿中に排泄され、汚染された土壌や水たまりなどが感染源になります。裸足で歩き回ったり、動物の場合は舐めたり飲んだりすることで感染します。特に水たまりなどの多い野山や田園地帯を自由に歩き回る犬などはハイリスクといえますが、都市部でも散歩中に他の犬の尿（マーキング痕）を嗅いだり舐めたりすると、散歩圏を共有する犬の中にキャリアーがいれば危険きまわりないことになります。しかし、最近では室内に飼育される犬が増え、相互に接触する機会も減っているために感染源に近づかなくなり、症例が減少していると考えられます。

話が少しレプトスピラから離れますが、この「飼育形態の変化」はこれまでの常識の再考を促しています。これまで犬パルボウイルス 2 型にしても、犬ジステンパーウイルスにしても、親からの移行抗体が無効になる 3 か月頃の犬の一生のうちで最も危険な時期を、それ以前にワクチンで免疫抵抗力を与えてもらって乗り切れば、後は成長するにつれ野外で流行しているウイルスに暴露しても、特に多量でない限りワクチン免疫のおかげで不顕性感染あるいは軽症で済み、より堅固な免疫が得られるという考えがありました。

しかし、最近報告されたことですが、幼子期にワクチン免疫を得た後、室内飼育され続けられた結果、よその動物との接触がないためにいわゆる「自然界からの追加免疫」がなく、また「室内飼育だから病原体に触れないのでワクチン追加接種は必要ない」という考えも重なって、2、3 歳になると全く免疫抵抗力が失われている犬や猫が予想以上に多いことが判りました。これらの動物が「大人になったのだし、ちょっとだから大丈夫だろう」と外出させたり、犬の集まる所に連れていくと、感染する危険があります。ワクチンによって獲得できる免疫の有効性と持続期間には限りがありますから、やはり年 1 回の追加免疫が「保険」として無駄ではないことを示唆しています。

現在、病原性レプトスピラとして 150 以上の血清型の存在が知られています。そのうち犬に病原性があるとされているのは、先の 7 血清型の他にバーラム、バタビエ、ブラチスラバを合わせた 10 血清型です（参考文献 1）。さらに、このうちのカニコーラとイクテロヘモレージアが犬の免疫原としてほぼ世界中でワクチンに使われてきました。もっと多くの血清型をワクチンに使った方が良さそうですが、レプトスピラ死菌の接種は特に子犬や小型犬にとって肉体的負担となるために、多くの血清型を一度に接種することは賢明ではありません。また、免疫持続期間も短いのが難点です。したがって、レプトスピラが地方病として存在する地域、日本では九州・沖縄などでは、適切な間隔で追加免疫が望まれます。

ご紹介する論文にはニューヨーク州立コーネル大学で1980年から1995年の間にレプトスピラと診断された36頭の犬の情報が載っています（参考文献2）。特に注目されるのは、原因と推定されるレプトスピラの血清型です。犬用ワクチンに使用されていないグリポティフォーサ（第一宿主はネズミ）とポモナ（第一宿主は豚と牛）が91％以上を占めていました。1992年以降、米国北部やカナダからこの種の報告が多いのですが、米国疾病管理センター（アトランタ）もこれら「非定型」の血清型の流行と、地方特異的なレプトスピラ症の存在を認めています。また、この問題に対応する新ワクチンの開発も進んでいます（*J. Am. Vet. Med. Assoc.*, 212: 472, 1998）。

レプトスピラ症は動物と人の共通感染症です。しかし、山とある血清型に対して「ワクチン接種」という戦術だけでは限りがあります。犬の飼育形態・行動様式に合わせた予防接種プログラム、散歩など、犬を外に出す際の飼い主の公衆衛生的配慮、患犬の速やかな診断と抗菌療法などの総合的な対応が、この最も広範に分布している動物感染症に求められています。（*SAC*誌 第114号、1999年3月）

最近、メキシコにレプトスピラバクテリンが8～10種類も混入されている犬用ワクチンがあることを知りました。驚き以外の何物でもありません。おそらく感染の「可能性」で対応しているのでしょうが、犬に感染しているようであるから（すなわち、抗体が見つかるから）という理由でもし我が国で開発された場合、お使いになりますか？　それにしても犬は痛いでしょうね。

参考文献

1）Wohl, J. S., Canine leptospirosis. *The Compendium*, 18: 1215-1225, 1996.
2）Birnbaum, N. et al., Naturally acquired leptospirosis in 36 dogs: serological and

clinicopathological features. *J. Small Anim. Pract.*, 39: 231-236, 1998.

思いもよらぬウイルスの種間伝播は氷山の一角？

キーワード：狂犬病予防法、ウイルス性ゾーノーシス、種間伝播、インフルエンザウイルス、牛、乳牛の散発性泌乳低下症候群、E 型肝炎ウイルス、豚 E 型肝炎ウイルス

ご存じのように 1999 年 4 月に狂犬病予防法が改正され、犬だけでなく、猫、アライグマ、キツネなどの動物も本法の規制対象動物となりました。これまではまさに出入り自由でしたので専門家の間では極めて憂慮すべき状況でした。そして、2000 年 1 月 1 日より、検疫が実際に開始されることは空港などの広告でお気付きかと思います。今後、これらの愛玩動物の輸入数が減少することが予想されていますので、ペット業界にも何らかの変化が生じるかもしれません。さらに、すでに国内で野生化したアライグマの問題の歯止めにもなるでしょう。

狂犬病が常在している国は、というよりしていない国を挙げる方が簡単なほどに世界中に蔓延しています。アジアやインド、中近東、アフリカなどの開発途上国ばかりでなく、ロシア、ヨーロッパ諸国、それから南北アメリカには発生があり、安全なのは日本、英国、オーストラリア、ニュージーランドなど 10 数か国だけです。日本国民の 50 歳以下は狂犬病の恐怖については全く知らないでしょうし、知らずに暮らせることは幸せなことです。

狂犬病は人獣共通感染症（人と動物に感染が広まる病気）として有名です。本来動物から人に伝播する感染症がその対象であって、人から動物にくるものは取り上げていません。人を含む複数動物種に感染する微生物が問題となります。宿主特異性の低い細菌や寄生虫などがその大部分ですが、特異性の高いウイルスにも該当するものが結構あり、ロタウイルス、日本脳炎ウイルスなどの節足動物媒介ウイルス、インフルエンザウイルス、オーエスキー病ウイルスなどが知られています。昨年の鳥からのインフルエンザウイルスの襲来には恐怖感を持たれた人も多かったのではないでしょうか。昨今の物流や交通事情から

すると、いつ国内に入ってきても全く不思議ではありません。今回は犬や猫からの話題から離れますが、最近の論文の中からこのような「ウイルスの種間伝播」に関連するものを２つご紹介します。

まず１つめはインフルエンザウイルスが牛の病因となっていることを指摘した論文です（参考文献 1)。A、B、C と核蛋白などの抗原性により３型に分けられ、毎年流行し馴染み深いのが A 型インフルエンザで、感染が問題になるのは人、馬、豚、鳥類などです。犬や猫、あるいは牛などの偶蹄動物は感染しないわけではないようですが、臨床上は全く問題なくこれまでも特に気には留めませんでした。

最近その発生が増加している「乳牛の散発性泌乳低下症候群」の原因はこれまでよく判りませんでした。突然乳量が減少し、軽度の発熱、食欲不振、倦怠感などを伴います。鼻汁排出や呼吸促拍などの呼吸器症状は必発ではありませんが観察されます。通常は抗菌療法の有無に関係なく回復し、１～２週間後には乳量も元に戻ります。英国での抗体を指標にした疫学調査で、この症候群の原因として A 型インフルエンザウイルスの感染が指摘されました。感染牛が人の感染源とならない限り社会の注目は浴びないでしょうが、畜産上は重要です。これを契機に犬や猫のインフルエンザウイルス感染を再評価する必要がありますかどうか。

２つめは「人獣共通感染症」に収まる、すなわち動物から人へのウイルスの伝播が起きているかもしれない E 型肝炎ウイルスです。紹介するのは基礎的なデータですので直ぐに公衆衛生上の問題と大騒ぎする必要はありませんが、「結構犯人は身近にいるものだな」と実感させられる話です（参考文献 2)。

肝炎はエイズとならんで人の重要なウイルス感染症で、A、B、C の３型は有名ですが、他にも G 型や E 型などがあり、ここでは E 型肝炎ウイルスの話です。汚染水などが感染源になる糞 - 口感染様式のウイルスで、つい最近まではカリシウイルスの仲間と考えられていました。主に開発途上国で流行しています。台湾では非 A、非 B、非 C 型急性肝炎症例の 10％以上がこの E 型肝炎ウイルスによることが判明しました。話はそれだけで終わらず、多くの文明国で見られるように、患者の多くは開発途上国へ旅行した経歴もなく感染源が不明でした。

しかし、最近になって、豚 E 型肝炎ウイルスがアメリカ合衆国で見つかったことをヒントに台湾の豚を検査したところ、37％が抗体を保有しており、豚の分離株と台湾における人の分離株の遺伝子が極めて近似していること、さらには豚を飼育している人と一般人との間には抗体保有率でも有意差があることから、台湾では豚が E 型肝炎ウイルス感染源の 1 つになっており、新たな人獣共通感染症であるかもしれないと述べています。

中国系の人は豚肉を食することが多く、養豚場が同じ生活環境内に、あるいは近接しているのも一因かもしれませんので、即、日本でもと心配する必要はありませんが、一般論として「他山の石」とすべきでしょう。ウイルス病の危険性は遍在しており、何ごとにも用心するに越したことはありません。万一何か起きた時、だれも身替わりにはなってくれませんし、実際、多くの場合は助けることもできません。ウイルス病、特に異種間伝播の恐いところです。（*SAC* 誌 第 118 号、2000 年 3 月）

参考文献

1）Gunning, R. F. et al., Evidence of influenza A virus infection in dairy cows with sporadic milk drop syndrome. *Vet. Rec.*, 145:557-558, 1999.
2）Hsieh, S.-Y. et al., Identity of a novel swine hepatitis E virus in Taiwan forming a monophyletic group with Taiwan isolates of human hepatitis E virus. *J. Clin. Microbiol.*, 37: 3828-3834, 1999.

猫のアデノウイルス感染と犬のエイズウイルス

キーワード：猫のアデノウイルス、犬のエイズウイルス

ここで紹介する文献は、主に犬や猫の感染症に関するものですが、毎度のごとく大多数の方が「へーと驚いたり、なるほどと頷く」ような情報を仕入れるのは難しいものです。また、一部の人だけには耳よりな情報であっても多分に自己満足的です。例えば、犬はアデノウイルスである伝染性肝炎ウイルスや伝染性喉頭気管炎ウイルスに感染しますが、なぜか猫にはこれまでアデノウイルス感染症が報告されていません。しかし、研究者の仲間内では「猫からアデノウイルスが分離された」といった話がないわけではありませんでした。最近、

チェコ共和国では多くの猫が他の動物種なみにアデノウイルスに感染しているらしいのです（参考文献1）。ほんとうでしょうか？

同様なものとしては、犬のエイズ（レンチ）ウイルスの論文があります。ちょっと古いのですが、その後の追試的な報告もなく極めて稀なものと考えられます（参考文献2）。

このような希有な報告は今でも時々は世に出てきますが、眉唾物と簡単には片付けることもできませんから、少なくとも記憶の片隅には留めておきます。ウイルスハンティングには予断は禁物です。（*SAC* 誌 第119号、2000年6月）

参考文献

1）Lakatos, B. et al., Adenovirus infection in cats. An epidemiological survey in the Czech Republic. *Acta Vet. Brno*, 68: 275- 280, 1999.
2）Safran, N. et al., Isolation and preliminary characterization of a novel retrovirus isolated from a leukaemic dog. *Res. Vet. Sci.*, 52: 250-253, 1992.

新生犬の大敵、犬ヘルペスウイルスと犬微小ウイルス

キーワード：犬ヘルペスウイルス、犬微小ウイルス、犬パルボウイルス1型、死流産、minute virus of canines、催奇形性ウイルス、乳汁免疫、下痢症ウイルス

ご紹介するウイルスや病原体、なるべく万遍なくと考えていますが、筆者の好みだけでなく、ベースになる発表論文の片寄りのために特定のウイルスに関係したものが多くなっていることは否めません。自然、犬ジステンパーウイルスや犬パルボウイルス2型、あるいは猫カリシウイルスや猫免疫不全ウイルスなどが多くなってしまっています。今回は、その通りのよい名前が付けられていながら臨床的には注目されていなかったウイルスをご紹介いたします。

なぜ注目されなかったかという理由はウイルスによって異なります。例えば、猫白血病ウイルスと同じレトロウイルスの仲間の猫フォーミーウイルス、これはどうも病原体ではないらしいというデータがたくさんあります。一方、犬のカリシウイルス、下痢あるいは生殖器病を起こす可能性があり、多くの犬に抗体が検出され、流行していると考えられているのにもかかわらず注目されません。こちらはこのウイルスを検出するのが難しいことにその理由がありそうで

す。

最近注目され始めている犬の病原ウイルスが２つあります。１つは犬のヘルペスウイルス、もう１つは犬のパルボウイルス１型です。注目され始めたということは「以前はされていなかった」ということになりますが、犬ヘルペスウイルスは古くから知られており検出も容易なウイルスです。成犬には強病原性ではないということでワクチンさえも作られていません。病原性が新生犬に限定されていましたが、かなり広範に犬間に流行していることが判ってきました。

犬パルボウイルス１型は後者の理由です。極めて特定された培養細胞でしか増殖しないらしく、ウイルスが分離検出できませんし定性も遅々として進みませんでしたが、最近になって米国分離株の遺伝情報が明らかにされ始めて、どうやら広く検出が可能になってきました。その結果、注目を浴び始めたというわけです。そこで今回は病原体としての犬パルボウイルス１型の最近の論文をご紹介いたします。

犬パルボウイルスと言えば、誰しも今流行している犬パルボウイルス２型

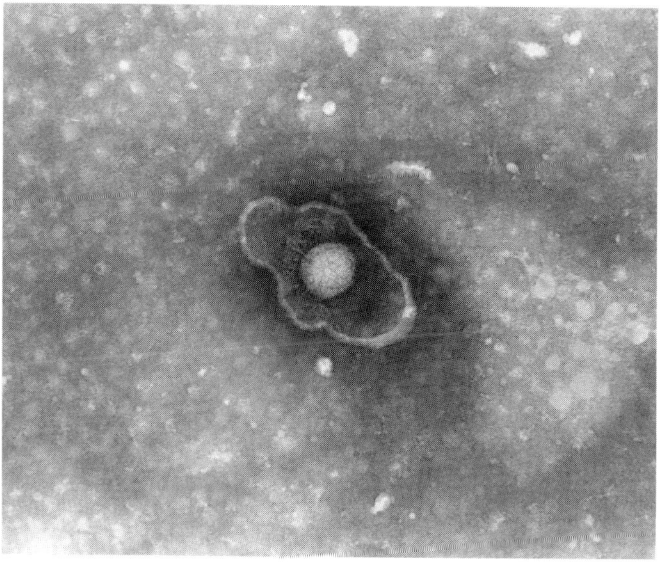

ヘルペスウイルス

を思い浮かべます。犬パルボウイルス2型は、犬ジステンパーウイルスと犬伝染性肝炎ウイルスとともに犬の「コアウイルス」です。前にもお話しましたが、もし子犬が免疫を持たずに外を出歩くとすれば、それは我々人間が何の防備なしに、例えばエボラ出血熱ウイルス流行地域を徘徊するのと同じ、むしろそれ以上の危険が待ち構えていると言っても過言ではありません。したがって、アメリカでも日本でも全ての子犬にコアワクチンを接種しなければいけません。

この犬パルボウイルス2型が1978年に突如「出現」し、短期間に世界中の犬に広まりましたが、なぜか名前は2型と付けられました。実はすでに犬にはMinute virus of canines（犬微小ウイルス）という名前のパルボウイルスが発見されていましたので、これを新たに1型の犬パルボウイルスと分類したわけです。

1967年に米国で健康な犬糞便から発見されたこの犬微小ウイルスは、かなり広範に米国の犬間に流行していることが、また日本国内でも15％位の犬が抗体を保有していることが1995年に学会報告されています。しかし、実験的には成犬には何ら臨床異常を起こさなかったことから、その後は「何の音沙汰なし」の状態が続き、今や肉食動物にとって一番危険なウイルスとなった2型の犬パルボウイルスが1970年代末に世界を席巻し始めると誰も気に留めなくなりました。

犬パルボウイルス2型がほぼ蔓延し、そこそこのワクチンが出回った1980年代後半になって、犬微小ウイルスの病原体としての見直しや2型ウイルスとの関連などを探る研究がコーネル大学を中心に行われるようになりました。これまでの成果を概略しますと、犬の下痢の原因として野外で流行する場合があるものの、主には胎児と新生犬が被害者で、死流産（ミイラ化、吸収）、腸炎、呼吸器病の原因になることが証明されています。

1990年代後半になるまで、この犬微小ウイルスは米国以外の地域では検出されませんでしたが、1996年にドイツとスウェーデン、そしてイタリアからの報告が3番目で、昨年公表されました（参考文献1）。いずれも犬微小ウイルスの培養に必要な細胞や抗血清を入手できた研究グループからの自然発生症例報告ですが、前2報が呼吸器病、心筋炎、腸炎などが3週齢以下の新生犬に発生したのに対して、イタリアの発生は1か月齢を過ぎた子犬の肺炎死亡例であることが特異的です。

特にこの犬微小ウイルスの場合は、これまで多分に我々の技術的な理由からその特徴が不明であったために臨床上関心が持たれなかった訳ですから、信頼できる診断技術が開発・供与されれば病原体としての重要性、はたまた予防接種の必要性などが検討できるようになります。

正直なところ、現在以上に子犬の混合ワクチンを肥大化させたくはありませんが、このような催奇形性ウイルスの予防法は妊娠前の母親に高度免疫を与えることで垂直感染を、初乳による移行抗体で新生児感染を防御できること（乳汁免疫）は、豚や牛の死流産を特徴とするウイルス感染症を引き合いに出すまでもありません。

1999年8月、コーネル大学で開かれた犬感染症ワークショップでは、Schwartzらが犬微小ウイルスのゲノム構造の一部を発表しました。詳細は論文として近々公表されるでしょうが、遺伝学的には牛パルボウイルスに近縁であることが示されました。犬微小ウイルスがどこから犬の世界にやって来て、どのような広がりと関連をもって宿主である犬と進化してきたのか、どの程度に株間の遺伝学的ならびに病原学的多様性が存在するのかなど、最近はやりの分子生物学的技法で解明されるのも間近いものと思われます。（*SAC*誌 第121号、2000年12月）

その後、日本国内で下痢を呈していた子犬からウイルスが初めて分離されました。しかも、誰もが使える犬の腎臓細胞系であるMDCK細胞の犬微小ウイルスに対する感受性が明らかにされたことは今後の診断にとって朗報です（参考文献2）。さらに、コーネル大学から発表された論文と（参考文献3）、我々の分離株のデータ（第6回国際獣医ウイルス学会、レンヌ市、フランス、2003年）は犬微小ウイルスが牛パルボウイルス1型とともに、新しいパルボウイルスグループ（新属）を形成する妥当性を支持しています。

参考文献

1）Pratelli, A. et al., Fatal canine parvovirus type-1 in pups from Italy. *J. Vet. Diagn. Invest.*, 11: 365-367, 1999.
2）Mochizuki, M. et al., Virologic and serologic identification of minute virus of canines（canine parvovirus type 1）from dogs in Japan. *J. Clin. Microbiol.*, 40:

3993-3998, 2002.
3) Schwartz, D. et al., The canine minute virus (minute virus of canines) is a distinct parvovirus that is most similar to bovine parvovirus. *Virology,* 302: 219-223, 2002.

犬のカリシウイルスはオーファンウイルス？

キーワード：犬カリシウイルス、みなし子ウイルス、オーファンウイルス、レオウイルス、*Nature* と *Science*

ここでは、学術雑誌に公表された「論文」の中から、きわめて個人的な興味から抽出した「情報」を解説しています。科学者は研究成果をより国際的に信頼されている学術雑誌の「審査」を受け評価されることを当然とします。しかし、これはある意味では屈辱的な「試練」でもあり、著者の台所状況や研究環境を考慮せずに「サイエンス」のみの観点から遠慮会釈なしにその「不備」が指摘され、多くの場合、初回は「拒絶」されます。これはごく普通のことなのですが、それらを審査するのも同じ研究領域の「仲間」ですから、そこにはあってはならない「人間臭い逸話」がないわけでもありません。かつて、科学雑誌の最高峰ともいうべき「*Nature*」に、すなわち英国に、論文を投稿すると「いじわる？」をされるという理由から米国で作ったのが雑誌「*Science*」、という話は、この種の試練を経験し始めた頃にはしみ込むように理解できました。

外国語が不得手の我々はより審査の甘いローカルな雑誌に、審査は形式だけの身内の雑誌に、誰も読まないであろう？ 日本語の論文雑誌に投稿したり、さらには自慰的に学会発表だけで済ましてしまうことも多々あります。最近は学会発表の受付に審査を課するところも見かけますが、基本的にはその要旨をまとめた「講演集」も含めて多くは参考に値しません（俄には信用できません）。

「学会発表だけでもするのはまだましな方ですよ」という話は笑えません。この種の批判は火の粉がこちらにもかかってきそうですから止めるとして、研究者には情報の真偽と価値を見抜く力が必要です。しかし、一般社会の人にはそれらの情報がどの程度信頼できるものか判りませんので、「特ダネ」を得るには冒険も必要なのかもしれませんが、最近では各種メディアも専門の解説者を使って確かな情報だけを流すようにしているはずです。

さてそこで、*SAC* 誌専属解説者としても情報の真偽を見分けるには自身で確認するのが原則ですが、容易ではありませんから、

1）信頼の高い科学雑誌に掲載されている、

2）信頼できる学術研究機関から公表されている、あるいは

3）第三者による追試がなされている、

などの点を参考にします。しかし、昨年、ノーベル賞受賞者を多数輩出している米国の高名な研究所の、しかもノーベル賞受賞候補者として有力な気鋭の研究者が「*Nature*」に公表した論文の多くに捏造疑惑が報じられました。ですから、これも世の中一般と同じく、多分に「個人の資質の問題であり、外見や肩書きにはごまかされるな！」ということで、「追試された」情報が一番かもしれません。今回は真か嘘か、早く追試されて真実が知りたい情報をお届けします。

世界中で我々だけが保有している「犬カリシウイルス」の犬との関係です。「物」として現存し、ゲノムはすでに解読され、「新種」のカリシウイルスであることは東京大学の遠矢幸伸助教授のグループと解明済みですが、肝心の宿主との関わりについては不明な点が多いのです。

カリシウイルスはご存知のように、猫ではコアウイルスとして、また人、牛、豚、兎等々でも病原体として認識されています。最近の犬のカリシウイルス感染疫学調査では（参考文献 1）、国内の犬の半数以上が抗体を保有し、中には感染直後と思われる犬も見つかっており、一体このウイルスは犬の体内や犬社会で何をしているのだろうかという疑問が膨らみます。お隣の韓国の犬にも類似したウイルスが同様に流行しています（参考文献 2）。2002 年末、リバプール大学とユトレヒト大学が、今年になってグラスゴー大学が協力を申し出てくれました。近い将来、犬のカリシウイルス感染症が追試されさらに明らかになるものと考えています。（*SAC* 誌 第 130 号、2003 年 3 月）

本来、感染症が目的ですから、まず病気があってそれが問題となり、その病原体は何だろう、というのが正しい手順ではあります。しかし、最近ではウイルス学の技法が進歩したことにより、先にウイルスやその遺伝子（断片）が検出され、「さてこれは何の病気を起こしているのだろう？」ということが多く

なってきました。

その典型はほ乳類のレオウイルスです。このウイルスの名前の由来はrespiratory enteric orphan virusの頭文字を取って「reo」としています。すなわち、呼吸器と腸管のオーファン（みなし子）ウイルスです。病気を親に、その原因であるウイルスを子にたとえ、子は見つかったが親が不明ということになります。ところで2003年10月になって、この我々の犬カリシウイルスによく似たウイルスが、ドイツのさる研究所で培養されたチャイニーズハムスター卵巣細胞から検出されました（参考文献3）。由来が全く不明との話です。またみなし子ウイルスが増えたようです。

参考文献

1）Mochizuki, M. et al., Molecular and seroepidemiological evidence of canine calicivirus infections in Japan. *J. Clin. Microbiol.,* 40: 2629-2631, 2002.
2）Jang, H.-K. et al., Seroprevalence of canine calicivirus and minute virus of canines in Korea. *Vet. Rec.,* 153: 150-152, 2003.
3）Oehmig, A. et al., Identification of a calicivirus isolate of unknown origin. *J. Gen. Virol.,* 84: 2837-2845, 2003.

先生、うまそうなウイルスですね！

キーワード：下痢症ウイルス、トロウイルス、猫の瞬膜突出・下痢症候群、ブレダウイルス、ベルンウイルス、ニドウイルス目

これまで30年間もウイルスハンティングを続けてきて、いつもいつも成功しているわけではありません。むしろうまくいかなかったことの方が多く、しかもそちらの方が強く印象に残っています。そこで1つだけお話しましょう。それは、猫の下痢症ウイルスを追いかけていた、今から十数年前の鹿児島での話です。ターゲットはトロウイルスでした。

トロウイルスは、人の新しい下痢症ウイルスとして最近注目され始めています。動物での発見の方が早く、牛、馬、豚などからウイルスが検出されており、牛のトロウイルスはブレダウイルス、馬ではベルンウイルスとして有名です。抗体調査から山羊や綿羊、ウサギ、マウス、猫などにも感染はしているようで

すが、犬やキツネなどには検出されていません（参考文献 1）。

ウイルス形態や性状はコロナウイルスに近く、コロナウイルスと同じニドウイルス目に分類されます。「トロ」という名称は、ウイルス粒子のドーナッツ状ヌクレオカプシドを形容するラテン語の「torus」に由来します。

さて、なぜこのウイルスを追いかけたか？　当時、「瞬膜突出・下痢症候群」と呼ばれる猫の健康異常がありました。原因は諸説ありましたが、その中に新ウイルス説があり、それが「血球凝集性トロウイルス様ウイルス」に因るというものでした（参考文献 2）。そこである時、鹿児島市の若手獣医師の勉強会で協力を呼びかけたところ、一人の先生が申し出てくださり、それらしき猫が来院するたびに糞便を大学に提供してくれました。

当時は今と違って、未知の病原体を検索する場合は、動物に病気を再現させるという方法をとりました。猫にその糞便浮遊液を飲ませ、毎日、学生と一緒に猫の肛門とにらめっこをしました。発熱、体重の変化、食欲、糞便の変化、瞬膜は？などと観察を続け、それらしき糞便は超高速遠心分離法で推定されるウイルス密度部分を採取し、電子顕微鏡で観察しました。それらしき凝集反応を示した材料は、農林水産省家畜衛生試験場（現在、動物衛生研究所）に保存してあった「トロウイルス抗血清」を半分分けていただき、反応するかどうか検討させてもらいました。しかし、有意の結果は何ら得られませんでした。

思えば良き時代でした。今のような先を争った「遺伝子フィッシング」ではありません。動物にまず病気を起こさせようと悠長におこなっていました。2 年間くらいは続けましたか、先ほど、昔の実験プロトコールを見ましたら、ネガティブデータばかりで途中であきらめてしまっています。でも、これがウイルスハンティングの本来の姿かもしれません。猫の白血病ウイルスも免疫不全ウイルスも、あるいは犬パルボウイルスも、謎の犬の肝炎も、みな、まず確かな臨床病理学的観察により「病気」の存在を確認することから始めて成功しています。

最初に話を持ち掛けた獣医師の勉強会で「先生、うまそうなウイルスですね」と。成就できなかったのはこの一言のせいにしたいのですが、忘れられないトロウイルスです。なお、1997 年になってニュージーランドの研究者から、この猫の「瞬膜突出・下痢症候群」のトロウイルス病因説を否定する報告が出てきました（参考文献 3）。でも、まだ追いかけたいという気持ちは捨ててはいません。

参考文献

1）Weiss, M. et al., Antibodies to Berne virus in horses and other animals. *Vet. Microbiol.*, 9: 523-531, 1984.
2）Muir, P. et al., A clinical and microbiological study of cats with protruding nictitating membranes and diarrhoea: Isolation of a novel virus. *Vet. Rec.*, 127: 324-330, 1990.
3）Smith, C. H. et al., A survey for torovirus in New Zealand cats with protruding nictitating membranes, *N. Z. Vet. J.*, 45: 41-43, 1997.

第 15 章

狂猫病？

キーワード：狂牛病、プリオン、猫海綿状脳症、クールー、クロイツフェルト・ヤコブ病、スクレイピー、伝達性ミンク海綿状脳症、慢性消耗病、牛海綿状脳症、野生偶蹄類脳症、非定型ウイルス、スローウイルス感染症

いわゆる「狂牛病」が日本国内に発生して 2003 年 11 月初めの時点で 9 例にのぼります。感染経路などの特定がなされていないことから、今後も少なからず陽性摘発例が紙上に載るでしょう。牛肉はその安全性の確保に最大の努力が払われ、全頭検査を励行しています。そしてご存じのように、政府は内閣府内に食品安全委員会を設置し、7 名の委員により運営されています。「狂牛病」は最重要課題の 1 つと聞いています。

これまでは 2 歳くらいまでの牛にはプリオンの変異？がなく、諸外国ではそれ以上加齢している牛を検査対象としていました。しかし、ここ 1 〜 2 か月の間にこれまでの「定説」が本当に正しいのか疑問を持たせるような症例がイタリアや我が国で報告されるに至り、今や牛肉は最大の危機を迎えているように思えてなりません。

犬や猫などのペットは「肉」からみた食物連鎖の中では終末動物です。少なくても、日本では犬や猫を食べる食習慣は一般的ではありません。したがって、これらの動物にプリオンに因る病気が発生したとしても、そこで食い止めるこ

とは日本では容易だと個人的には信じています。これまで日本では、犬や猫などのペットにはプリオン病は報告されていません。精査すれば発見される可能性は否定しませんが、いたずらに社会を驚かすようなことをするつもりもありません。

しかし、科学的事実として獣医師や関連する仕事につかれている方々は正しい知識を持って対応しなくてはいけないでしょう。ここでは「狂牛病」が国内で問題になり始めた頃にそれまでの「猫」における科学的報告をまとめたものをご紹介いたします。今から 7 年前の 1996 年にまとめたものですが、猫と犬に関しての病因論などの状況は全く変化しておりません。英国、ノルウェー、北アイルランド、スイス、リヒテンシュタイン、フランスなどの EU 諸国で飼育されていた猫と動物園に飼育されている猫科動物（チータ、ピューマ、オセロット、虎、ライオン、クーガー）に発生、診断されています。その総数は 120 余頭に増加しています。

いわゆる「狂牛病」と犬と猫について

「猫海綿状脳症」（feline spongiform encephalopathy: FSE）のこれまでの知見をご紹介いたします。目的は犬と猫における本症の現況を正しく理解していただくことで、決して騒ぎたてるためではありません。羊や牛から（？）「伝達」されたかもしれない症例が猫で報告された時には「やっぱり」と感じました。一方、公表されている情報源にはこれまでに犬に発生していることを示す確たる証拠は提示されていないようです。

また、これまでの猫における本症の発生・疫学所見からすると臨床での重要性は比較的に小さく、管理できる事故的な疾病であろうと個人的には判断してきましたし、現在でもその認識に変化はありません。国内で猫や犬に発生がない以上はこのような危険きわまりない未知な病原体を明確な目的と大義名分なしにはだれもが自由に研究できるわけではありませんし、またそれなりの施設が必要であることは言うまでもありません。

現時点における人と動物の伝達性海綿状脳症は人に 4 種（クールー、クロイツフェルト・ヤコブ病、ゲルストマン・シュトロイスラー・シャインカー症候群、致死性家族不眠症）、動物に 6 種（羊と山羊のスクレイピー、ミンクの伝達性ミンク海綿状脳症、鹿類の慢性消耗病、牛の牛海綿状脳症、猫の猫海綿状脳症、野生羚羊類の野生偶蹄類脳症）、が判明しています。

牛の海綿状脳症（bovine spongiform encephalopathy：BSE）は通称“mad cow disease（狂牛病）”と呼ばれ、1985 年からほぼ英国内に限定発症し問題となってきました（スイス、フランスなど一部には報告があるようです）。おそらくは 300 年以上も昔からその存在が知られている「スクレイピー」という緬・山羊の海綿状脳症に罹患した動物の肉（蛋白）を牛の飼料に混入して与えたのが最初の原因であろうと考えられます。猫やミンクも被害動物です。

大量発生の主原因がほぼ特定されているわけですから（しかし、例えば羊から羊へのスクレイピー伝播も含めて、牛から牛へなどの汚染飼料以外の水平伝播様式は不明）、その伝達経路を断ち、罹患動物の「摘発・淘汰」方式で解決を図りました。その結果、潜伏期間が 5 ～ 7 年として、牛における発生は 1993 年にはプラトー状態に達し、その後は急激に減少すると予測され、撲滅は時間の問題と考えられていました。しかし、本年初めの英国政府の「狂牛病病原体の人への感染の可能性は否定できない」との見解があのような騒ぎを引き起こしていることはご承知の通りです。

人の間で維持されている「伝達性海綿状悩症」として古くは「クールー」、現在では「クロイツフェルト・ヤコブ 病（CJD）」、さらには「老人性痴呆」の原因説までにも話が広がっています。

クールーは、ニューギニア東部のフォア族に維持されていた振戦・小脳性運動失調を特徴とする致死性疾病で、「食人」の風習を廃止させたことで 1974 年以降は発生が途絶えています。

CJD は初老期の人の中枢神経系の変性疾患です（クールーは CJD がたまたま特定の人集団内で選択継代されてきたものかもしれません）。家族性と医原性にその原因が分けられ、100 万人に 1 人位の有病率を示す稀な病気です。臨床的には多様ですが（痴呆、錐体路症状、ミオクローヌス、錐体外路・小脳症状など）、病理組織学的には類似しています。しかし、BSE の大量発生と時を同じくして、最近の英国における発生状況がこれまでとは違って若年化しており、様相が異なっているらしいことに騒ぎが端を発しているわけです。

しかし、BSE を含めて動物の「伝達性海綿状悩症」が本当に人に伝達されているのかどうかは「証明されていない」わけです。危険性は BSE 発生当初からニュースなどで伝えられてきましたし、これまでの科学的証拠や知識からすると「食肉」という行為を通しての伝播の危険性は否定できませんが、それなりの裏付け証拠が挙がっているのでしょうか。したがって、正確な情報が一番大事なわけですが、「ない！大丈夫！」というおきまりの某政府見解にはいま一つ不安を感じるのはなぜでしょうか。

動物の「海綿状脳症」の病原体はこれまで「非定型ウイルス」と呼ばれてきました。これまでのウイルスを「定型」とした時、その定義に収まらないウイルスのようなものの総称で、具体的には植物病原体である「ウイロイド」（viroid）や「海綿状脳症」の病原体と考えられている「プリオン」（prion）などが該当します。

したがって、一連の「伝達性海綿状脳症」は「プリオン病」と表現されることがあります。自然感染経路は不明ですが、宿主内に侵入後、数か月から数年の長い潜伏期の後に（脾から網内系、脊髄そして脳へと体内伝播？）発症し亜急性の経過で死亡します。このような感染・発症様式を一方で「スローウイルス感染症」（slow virus infection）と呼んでいます。羊のマエディ（肺炎）・ビスナ（脳脊髄炎）ウイルス、猫免疫不全ウイルスなどのレンチウイルス感染症や人の麻疹ウイルスによる亜急性硬化性全脳炎のような通常のウイルスによるものと、このプリオン病などがその範疇に入ります。

プリオンは核酸を持たない蛋白性の感染性粒子（proteinaceous infectious particle）を意味し、感染性のアミロイド線維（プリオンロッド prion rod 、あるいは scrapie associated fibrils：SAF と呼ばれる）です。この蛋白（prion protein：PrP）は宿主の細胞膜に由来し、機能は不明ですが正常な細胞にも存在します（PrP^{C}）。

物理化学的抵抗性が極めて強く、例えば不活化には 121℃、1 時間以上必要であるし、組織学検査のためにホルマリン固定をしてパラフィン切片にしても感染性が残ると言われています。

ウイルスと異なる点として、

1) 多様な分子形態を示すこと、

2) 免疫原性がないこと、

3）プリオン粒子内には感染に必須な核酸の存在を示す証拠がないこと、および

4）プリオンを構成する唯一の既知成分は PrP^{Sc}（プリオン蛋白のスクレイピー型、PrP^{C} から変化したもの）である

などが挙げられます。したがって、生前に特異抗体や遺伝子を検出して診断する現行のウイルス病診断法は応用できません。臨床所見（牛の場合、外部刺激に過剰に反応し、攻撃的、運動失調、起立不能）による暫定診断と、剖検後の中枢神経系の病理組織学的所見ならびに特異的アミロイド線維の検出（酵素抗体法やウエスタンブロッティング法）による確定診断法しか今のところ信頼できる方法はありません。

それでは、猫の海綿状脳症に関するこれまでの報告を整理してみましょう。実験的に猫には CJ 病や BSE を伝達できることが証明されていましたが、猫における FSE の最初の自然発生例は 1990 年 5 月です。その後、50 例以上の発生例が英国内で報告されており（2001 年までに 87 例）、独立した FSE という病気となっていますが、スクレイピーのように猫から猫へ伝播しているわけではなさそうで、おそらく汚染牛由来の餌による伝播と考えられています。

最近になって、英国外でも猫の FSE 例が報告されるようになりました。動物園の野生猫科動物にも発生しています。FSE を自ら手がけているわけでもないので、取りまとめることには多少難題があります。そこで、手元にあるいくつかの報告を簡単に紹介いたしますので、参考にして下さい。

1）Wyatt, J. M. et al., Spongiform encephalopathy in a cat. *Vet. Rec.*, 126: 513, 1990.

1990 年 5 月、最初の FSE の報告です。ブリストルの 5 歳のシャム猫の雄が約 6 週間にわたって前・後肢の進行性運動失調を示したことが発端でした。安楽死後の剖検では異常は見当たりませんでしたが、組織学的検査で海綿状脳症の所見を認めています。

2）Leggett, M. M. et al., A spongiform encephalopathy in a cat. *Vet. Rec.*, 127: 586-588, 1990.

英国における 4 番目の症例です。7.5 歳の雑種猫の雌が筋肉の震え、運動失調および瞳孔拡大を伴う性格異常を示し、組織学的に海綿状脳症の所見を

認めています。

3）Wyatt, J. M. et al., Naturally occurring scrapie-like spongiform encephalopathy in five domestic cats. *Vet. Rec.*, 129: 233-236, 1991.

文献1）に記載されていた症例の臨床・病理学的所見の補遺と、新たに診断した4症例の臨床経過が詳細に述べられています。

4）Pearson, G. R., et al., Feline spongiform encephalopathy: fibril and PrP studies. *Vet. Rec.,* 131: 307-310, 1992.

著者らによって"FSE"という病名が提唱され、1992年2月までに英国内で24頭の猫が海綿状脳症であったと病理組織学的に診断されています。18頭の猫の脳を検査し、13頭にFSEが疑われると臨床診断されました。そのうちの5頭と、神経症状を発現しながら中枢神経系に組織学的異常を認めなかった1頭の計6頭の脳内にSAFとPrP^{Sc}が検出されました。さらに、PrP^{Sc}が検出されなかった2頭、神経症状を呈し髄膜腫と診断された1頭、および神経症状もなく組織学的に正常な1頭の計4頭の脳内にSAFが検出されたことが述べられています。

5）Willoughby, K. et al., Spongiform encephalopathy in a captive puma（*Felis concolor*）. *Vet. Rec.*, 131: 431-434, 1992.

イングランド北部の動物園で飼育されていたピューマのFSEで、英国内における野生猫科動物では初めてのスクレイピー様海綿状脳症の症例報告です。感染源は不明ですが、おそらく餌として与えられていた牛肉がBSEに汚染していたのではないかと考えられています。同施設内で同じように給餌されていた他の大型猫科動物や肉食獣には同じ症状を示すものは出ていません。

補遺として、オーストラリアの動物園で1頭のチータがやはり類似の臨床症状と組織学的所見を呈していたことが紹介されています。しかし、このチータは英国内で食物感染したものと推察されています（*Australian Vet. J.,* 69, 171, 1992）。

6）Fraser, H. et al., Transmission of feline spongiform encephalopathy to mice. *Vet. Rec.*, 134: 449, 1994.

FSEの猫3頭のホルマリン固定と冷凍保存してあった脳材料をマウスに脳

内あるいは腹腔内接種したところ、すべての接種マウスがスクレイピーやBSE材料を接種したマウスと同様な神経症状を呈し、伝達が確認されました。このFSE伝達マウスの潜伏期間、病変所見、あるいは伝達効率などはスクレイピーのそれよりもBSE伝達マウスの結果に類似していることから、BSEとFSEの病原体の由来は同じではないかと考えています。

7）Kirkwood, J. K., and Cunningham, A. A., Epidemiological observations on spongiform encephalopathies in captive wild animals in the British isles. *Vet. Rec.*, 135: 296-303, 1994.

1986年以降、英国内の8か所の動物園で、8種、19頭の野生動物にスクレイピー類似の海綿状脳症が診断されています。牛科動物6種と猫科動物2種（ピューマとチータ）です。これらの一部はBSE病原体による疑いがあることが考察されています。原因は不明ですがドイツ北西部の動物園でダチョウの発生報告が3例あります。

8）Bratberg, B. et al., Feline spongiform encephalopathy in a cat in Norway. *Vet. Rec.*, 136: 444, 1995.

1994年10月までに英国内では59例のFSEが報告されています。これはノルウェー、オスロ生まれの6歳の雌猫に診断されたFSEで、おそらく英国外では初めての症例であろうと思われます。因果関係の証明はされていませんが、この猫は数種類の輸入ドライキャットフードを与えられていたと書かれてあります。

以上、大ざっぱですが抄録してみました。

1979年から1982年の3年間、スコットランドで、週4日、お昼にボスとローストビーフや鴨肉の挟まったサンドイッチと生温かいビールを2パイント飲み、夜は自慢のティントグラス・ブラックボディ・サンルーフ付きの“Mini 1275GT”でグラスゴーのダウンタウンにビーフステーキを、時々はシャトルを使ってロンドンの日本食レストランにすき焼きを食べに行きました。残った時間は、ビートルズを聞きながらスコッチを片手に猫白血病ウイルス感染症の研究を。今思えば実に良い時でした。最近、年のわりには物忘れがひどく（自分に都合の悪いことは特に）、髪も薄くなり、行動異常も目立つようで、褒められたためしがありません。時間差があるので不安はないのですが。（*SAC* 誌第 103 号、1996 年 6 月）

その後、1999 年末に日本赤十字社は英国滞在歴の長い人からの献血制限を始めました。新型クロイツフェルト・ヤコブ病の感染防止のためで、1980 年から 1996 年までの間に通算 6 か月以上英国に滞在した人が対象です。暗にプリオンに感染しているかもしれないと宣告されたようなものでしょう。

第16章

イリオモテヤマネコとツシマヤマネコ

この2種類の野生猫科動物については、多くの出版物や報道がありますので多くの方々がご存知であろうと思います。また獣医学科に入・進学してくる学生の中には、将来は野生動物の保護に携わるのを目標にしている者もいると思います。偶然にも、前職の鹿児島大学時代に九州大学理学部と琉球大学理学部の大型ほ乳類の生態学を研究している先生方と一緒に、この2種類の野生猫の臨床病理学的検査をする機会がありました。

1983年から転職するまでの約10年間に行われた十数回に及ぶ生態調査に同行し、ヤマネコから採材した血液、口腔、鼻腔、結膜および直腸の綿棒ぬぐい材料、糞便、交通事故死した個体の病理解剖材料、あるいは西表島と対馬に人と一緒に生活している猫の血液などを臨床ウイルス学的に調べました。

基本的には環境庁（当時）のこれらの動物の保護に用いる資料として、公表は自由ではありませんでした。しかし、時間の経過とともにそのうちのいくつかは論文として公表してあります。もちろん、その後時間も経過しているので状況が変わっているかもしれません。また同じような理由から、もしかしたら公表されていない新しい事実があるかもしれません。したがって、知り得た範囲でこれらのヤマネコのウイルス感染症について簡略にお話します。

イリオモテヤマネコ群とウイルス病

キーワード：イリオモテヤマネコのウイルス病、コロナウイルス、カリシウイルス、パルボウイルス、フォーミーウイルス、イリオモテヤマネコフォーミーウイルス

1）呼吸器ウイルス感染

猫カリシウイルスも猫ヘルペスウイルスも分離されていませんが、猫カリシウイルスに対する中和抗体が半数の個体に検出されています。猫カリシウイルスは上部気道感染症の病原体ですし、腸管に対する病原性も否定できませんので何らかの影響は及ぼしているものと考えられます。

2）消化器ウイルス感染

猫パルボウイルス、猫コロナウイルス、ロタウイルス、レオウイルスなどの下痢症ウイルスは分離されていません。しかし、コロナウイルスに対する抗体が約 8 割に検出されています。猫パルボウイルスとロタウイルスに対する抗体は陰性です。

まずコロナウイルスに対する抗体陽性はコロナウイルスの感染があって、それが下痢の原因になっていることが考えられます。また、猫コロナウイルスによる致死性の猫伝染性腹膜炎は、腸内に感染していたコロナウイルスの病原性変異株によって起きることから、最大 10％の猫は腹膜炎によって死亡する（している）ことが推測できます。その後にそのような病理解剖例があるという話も聞いています。

もっと大きな問題は、猫パルボウイルスに対する抗体が見つからなかったという点です。これは未だにこのネコ群がこの致死性病原体に暴露していないことを示しています。仮に感染した猫はみんな死亡してしまっていて抗体が見つからないという指摘もあるかもしれませんが、加齢ネコの耐過は考えられますので抗体は見つかるのが普通で、ないという事実は前者の可能性を強く示唆しています。

一般に野生猫科動物の感染源は周囲の猫ですが、パルボウイルスの場合は犬も含まれるでしょう。パルボウイルスは糞便中には多量に排泄され、野外

で、しかも高温下でも数か月以上の間、感染性を保持します。感染する危険性は高く、もし流行すれば（生息密度や地理的条件にも左右されますが）死亡する個体もでると思われます。

3）レトロウイルス感染

猫免疫不全ウイルスに対する抗体と猫白血病ウイルスのウイルス（抗原）は陰性でした。ただ猫白血病ウイルス抗原が陽性と判定された個体が酵素抗体法で 1 例ありましたが、別の試験法ではこの「陽性」を支持する陽性結果が得られなかったことから、「理由不明の偽陽性」と判断しました。

同じ猫レトロウイルスの仲間である猫フォーミーウイルスに対する抗体が約 30％の個体に検出され、ウイルスも分離されています。猫フォーミーウイルスの病原性はこれまで証明されていません。逆に「無害」という証明もありません。分離されたフォーミーウイルスは猫のフォーミーウイルスと分子生物学的に少し違うことが、その後の東京大学との共同研究で判明しています。

このイリオモテヤマネコフォーミーウイルスは母親から垂直伝播し、代々伝えられていると思われます。しかも猫のそれとは異なるという事実から、見上　彪東京大学名誉教授（現在、内閣府食品安全委員会委員）と一緒に、寄生体による宿主の起源（ここではイリオモテヤマネコ）を探ろうという試みを始めましたが、現在は中断しています。

一方、フォーミーウイルス陽性個体が全頭でなく、3 頭に 1 頭ということは、このネコ群に比較的最近、侵入したということも考えられます。このフォーミーウイルスは猫免疫不全ウイルスのように咬傷によるウイルス感染細胞の移入により猫間で伝播します。もしそのような猫とヤマネコ間の接触がごくたまにあるとしても、ある以上は、今後、病原性のある猫免疫不全ウイルス、あるいは猫白血病ウイルスが猫から侵入する危険性は、伝播経路が同じ故に否定できません。

参考文献

1）Mochizuki, M., et al., Serological survey of the Iriomote cat（*Felis iriomotensis*）in Japan. *J. Wildlife Dis.*, 26: 236-245, 1990.
2）望月雅美、イリオモテヤマネコ群とウイルス性伝染病、獣医畜産新報、Vol.47、

41～45頁、1994年

イリオモテヤマネコの細胞で猫のコアウイルスは増殖する

キーワード：イリオモテヤマネコ細胞のウイルス感受性、猫のコアウイルス

ある時、京都大学の遺伝学の先生からイリオモテヤマネコの遺伝子を調べるために細胞の採取を依頼されました。もちろん環境庁の許可のもとにです。このような天然記念物は、生きている時は何人たりとも私物化はできませんが、死亡してしまえば、極端な話、道端に落ちているゴミと同じ扱いになると聞いたことがあります。しかし、大学の獣医学教官が麻酔をかけ、各種検査中に誤っても殺してしまうわけにはいきませんから、ゴミにすることはだけは避けようと、細心の注意を払って対応しました。

そしてその犠牲になるヤマネコが選ばれ、内股の皮膚を数mm切り取られることになりました。一部は鹿児島に持ち帰り器官培養を開始したところ、線維芽様細胞が数代ですが継代可能になりましたので、実験室内に保存してある猫や犬の各種ウイルスがその細胞で増えるかどうか検査しました（参考文献1）。その結果、

1) 猫カリシウイルス、猫ヘルペスウイルス、猫パルボウイルスの猫のコアウイルスは難なく増殖しました。
2) 犬コロナウイルス、猫フォーミーウイルス、イリオモテヤマネコフォーミーウイルスも増殖しました。
3) 猫白血病ウイルスと犬パルボウイルス2型は、対照として設置した猫由来の線維芽細胞では増殖しましたが、イリオモテヤマネコの線維芽細胞では増殖しませんでした。

試験管内の感受性が必ずしも生体における感受性とは一致しないことは承知しています。しかし、限られた材料による実験とはいえ、イリオモテヤマネコが猫のコアウイルスを含む代表的なウイルスに感受性であることがこの実験から示唆され、このネコが飼猫とウイルス感受性において大差ないだろうという実感を持ったのは事実です。

参考文献

1）Mochizuki, M., Virus susceptibility of dermal fibroblastic cells cultured from the Iriomote cat（*Felis iriomotensis*）. *J. Zoo Wildlife Med.*, 21: 457-462, 1990.

ツシマヤマネコの猫免疫不全ウイルス感染

キーワード：ツシマヤマネコ、猫免疫不全ウイルス、種間伝播

ツシマヤマネコのウイルス検査は捕獲頭数も少なく、初期の数頭の成績しか残っていません。それも持ち出し禁止の報告書に掲載されています。もう時効でしょうが、当時の結果では特に陽性で問題になるような結果はありませんでした。

しかし、その後に捕獲されたツシマヤマネコの中に、猫免疫不全ウイルスが陽性の個体が発見されました。しかも分離ウイルスのサブタイプが西日本の猫に分布していることが多いと言われているサブタイプ D のウイルスであることから、猫から伝播したのではないかという疑念が強まりました（参考文献 1）。

提示されたデータは、猫からツシマネコへ猫免疫不全ウイルスが伝播した可能性を示唆する傍証にはなっています。これまで野生猫科動物から発見されているレンチウイルスは猫免疫不全ウイルスに似ているウイルスであって、猫間に流行しているウイルスとは分子生物学的に区別できる可能性が示唆されていました。そして、野生猫科動物から検出されるレンチウイルスは猫から伝播した猫免疫不全ウイルスではなく、それぞれの野生猫科動物と伴に進化してきたのではないかと考えられようになっていましたから（参考文献 2）、ツシマヤマネコから猫免疫不全ウイルスそのものが検出されたために猫由来という疑いが強く持たれたようです。

ツシマヤマネコの生息環境は、まさに人の生活環境の中といっても過言ではありません。猫や犬との直接、間接接触は、おそらくイリオモテヤマネコの比ではないでしょう。その後もウイルス陽性ネコが複数捕獲されているようです。陽性ネコの全てが猫免疫不全ウイルスによるものなのかどうかは不明ですが、ツシマヤマネコ群が猫免疫不全ウイルスに汚染され始めているという事実は紛れもありません。現在、捕獲された個体は人工環境内での飼育が試みられてい

ます。

猫免疫不全ウイルスや猫白血病ウイルスは、闘争による咬み傷からウイルスが効率よく伝播します。粘膜面からウイルスが感染するためには度重なる、しかも濃厚な接触が必要です。猫とヤマネコがそのような関係になるとは考えられません。かつて沖縄にある自然公園に捕獲飼育されていた雄のイリオモテヤマネコの前に雌の猫を琉球大学の学生が実験で出したことがありますが、全く興味を示さなかったそうです。相当に離れているようです。

一番の可能性は、食物をめぐった闘争中に猫からヤマネコにウイルスが伝播し、ヤマネコ間に維持されているという状況です。あるいは、今でもそのような争いがたまにあってウイルスが猫からヤマネコへ伝播しているという可能性も否定できません。この仮定の根底には「雄」があります。イリオモテヤマネコ生態調査で、雌は危険性が回避しやすく、子育てできる場所に定住性で活動範囲も狭いのに対し、雄は数頭の雌の「居住地」を巡回し、活動範囲も広いと学びました。同じことがツシマヤマネコにも当てはまるとしたら、そしてもし、ツシマヤマネコの雄にだけ猫免疫不全ウイルスが検出されるのであれば、後者の可能性の方も強いかもしれません。もし、雌のツシマヤマネコも感染しているようだと、ツシマヤマネコ群内に侵入した猫免疫不全ウイルスがヤマネコ間で伝播している可能性も出てきて、問題はより深刻になっているように思われます。

参考文献

1）Olmsted, R. A., et al., Worldwide prevalence of lentivirus infection in wild feline species: Epidemiologic and phylogenetic aspects. *J. Virol.*, 66: 6008-6018, 1992.
2）Nishimura, Y., et al., Interspecies transmission of feline immunodeficiency virus from the domestic cat to the Tsushima cat（*Felis bengalensis euptilura*）in the wild. *J. Virol.*, 73: 7916-7921, 1999

ウイルス感染対策：予防接種の勧め

キーワード：野生猫科動物、猫の不活化コアワクチン、イリオモテヤマネコ、ツシマヤマネコ、免疫帯

このような絶滅に瀕している動物の保全を実施する時、「野生」へのこだわ

りはどの位持つべきなのでしょうか？　ツシマヤマネコもイリオモテヤマネコもどちらも推定で約 100 頭しか残っていません。調査を開始してから減ることはあっても増えてはいないように思えます。できれば、人工的な手段を講ずることなく種の保全ができればベストでしょうが。

感染症だけの観点から話をします。例えば、ワクチン接種はだめですか？　ヤマネコにとって一番怖い動物はやはり猫と他の猫科動物で、次は犬類でしょう。したがって、最善の方法は生息環境からそれらの動物を排除することです。西表島については以前、さらに過激なことを提案した有名な WWF（世界野生生物基金）の英国貴人がいらっしゃったようですが、地域内の猫や犬の飼育制限は西表島はともかく、対馬は不可能でしょう。免疫学的抵抗性の利用の仕方には 2 通り考えられます。1 つはヤマネコそのものに、もう 1 つは外囲の動物に抵抗力を付与する方法です。

イリオモテヤマネコ群ですが、次善の策として、まずは周囲にいる猫や犬に免疫帯になってもらうのはどうでしょうか？　猫や犬がウイルスに感染しなければ、発病しなければ、感染源にならなければ、ヤマネコにも危害が及びません。生ワクチンではなく不活化ワクチンであれば安全です。ワクチンウイルスは猫からヤマネコには絶対にうつりません。

すでに西表島内で飼育されている猫の中には、ワクチン接種済みの個体も本土並みにあると思いますが、これでは不十分です。100％の個体を免疫すること、野良猫を捕獲すること、新しく島へ導入する猫にはコアワクチンの接種を課することが重要です。各種の理由から西表野生生物保護センターに収容されたヤマネコ個体については、一度でも人の手がついた以上、将来放すにせよ永久に保護飼育するにせよ、ワクチン接種も考慮する必要があるでしょう。

かつて、生態調査のためにイリオモテヤマネコを多数捕獲して、追跡調査を実施しました。その時、麻酔薬を投与し、採血し、発信器を装着し、捕獲地点で放しました。それができるのですから、ツシマヤマネコ群にはより積極的に対応する必要を感じます。捕獲した猫で猫免疫不全ウイルスが陰性のものにはコアワクチンにプラスして猫免疫不全ウイルス不活化ワクチンを接種してリリースしたらどうでしょう。陽性の個体は隔離し、再び野外には戻さないし、繁殖にも用いない。加えて、イリオモテヤマネコ群と同じように周囲の猫の免疫を高めることは意義があると思います。

数を増やすのが目的で、しかも人工繁殖を試み、しかも生活環境を人と線引きできないほどに人社会に密接に関わるのであれば、少なくても猫用コアワクチンによる免疫付与という獣医学的配慮は不可欠と考えます。すでに実施しているのであれば結構ですが、ワクチンを接種して医学的に保全することは「野生」には禁忌とは思いません。

あとがき

キーワード：Windows、Mac

2003年の9月初めに東京大学では、共用パソコンをMacに変更するというニュースがありました。「Windowsではコンピューターウイルスの攻撃を受けやすいから」というのもその理由だとか、まことしやかに流れてきました。「ウイルス」という言葉は、ここ10年間くらいのパソコンの普及とともに社会にすっかり定着した感があります。加えて、エイズウイルス、鶏インフルエンザウイルス、ウエストナイルウイルス、SARSウイルス、果ては鯉ヘルペスウイルスと次から次へと現れ、これら本家本元の病原ウイルスもしきりにマスコミに登場しています。

やはり2003年11月初めには、マイクロソフト社がインターネット社会を脅かす強毒のウイルスソフトを作り出した犯人を捜し出した場合、25万ドルの報奨金を提供する旨、公告しました。まるで北アメリカ大陸の西部開拓時代の“Wanted！”そのものです。

パソコンウイルス（を作る犯人）としては、犠牲となる宿主が多いWindowsの方がMacより作り甲斐があるのでしょう。現代社会に不可欠となったインターネットインフラの保守管理は、場合によっては政府が行うべきなのかもしれませんが、一私企業が私財を懸賞金にして犯人探しをするというのも異常事態です。

一方、生物学的なウイルスも、現在の科学力からすれば合成できます。もっと簡単には、試験管内で細胞を工場に殺人あるいは殺動物組換えウイルスを作ることができます。もし万が一にも不届き者が出たり、あるいは国家戦略的に使われたりするとしたら危険極まります。そして、それらに対する認識が生物学的テロリズムとして高まっていることもご承知の通りです。科学は人類の幸福と繁栄のために使うべきものであることは言うまでもありません。

もし今、犬ジステンパーや犬パルボウイルス病などのようなウイルス感染症が新たに出現して、それに対するワクチンができなかったらどうなると思いますか？　急性で致死性のウイルスは、我々が何ら衛生学的方策を講じなければ、最悪の場合ポピュレーションの大部分を殺害する危険性があります。しかし、個体数や地理的分布にも左右され、ウイルスに耐過する個体が出現し、長い時間をかけて動物が元のような状態に戻るかもしれません。仮に全滅しても、ウイルスはお構いなしに新たな種を宿主とできるように変異していくでしょう。しかし一方で、ウイルスも賢いので、宿主である人や動物を全滅させてしまうことはなく、むしろ共生する方向に行くだろうという考えもあります。その代表は人や猫のエイズウイルスかもしれません。

人間は、自らの「科学」を武器にしてウイルスとの戦いをおそらく無限に続けていかなければならないものと思われます。天然痘ウイルスのように撲滅したといっても、いまだに保有している国があります。ウイルスが生物学的に地球上に存続するのであれば、人も動物も限りある命ですから天命とあきらめもつきますが、そこにコンピューターウイルスごときの人為的な要因が加わることは決して許されるものではありません。我々にとってかけがえのない伴侶となっている犬や猫を、その時その時のできうる最大かつ最高の科学的手段で守っていくことも地上の盟主、人間の使命であると考えますし、微力ながらそれに貢献できればと願ってやみません。

最後になりましたが、本書の出版にあたり、多くの方々からご協力とご助言を賜りました。心よりお礼申し上げます。

2004 年 6 月

望月 雅美

参考になる図書

ワクチンと予防接種について

1）ワクチンと予防接種、獣医臨床シリーズ 2003 年版、Vol.31/No.3、望月雅美 訳、学窓社、東京
2）Veterinary Vaccinology, Pastoret, P. -P. ed., Elsevier, Amsterdam, 1997.

獣医微生物学、ウイルス学について

1）獣医微生物学 第 2 版、見上　彪 監修、2003 年、文永堂出版、東京
2）Veterinary Virology, 3rd ed., Murphy F. A. et al., ed., Academic Press, San Diego, 1999.

犬と猫の感染症について

1）犬と猫のウイルス病、小西信一郎 監修、学窓社、東京、1985 年
2）Virus Infections of Carnivores, Appel, M. J. ed., Elsevier, Amsterdam, 1987.
3）小動物の感染症マニュアル、小西信一郎、長谷川篤彦 監訳、文永堂出版、東京、1990 年
4）犬と猫の感染症カラーアトラス、望月雅美 監修、共立商事、東京、1995 年
5）Infectious Diseases of the Dog and Cat, 2nd ed., Greene, C. E. ed., W. B. Saunders, Philadelphia, 1998.
6）Manual of Canine and Feline Infectious Diseases, Ramsey, I., and Tennant, B. ed., British Small Animal Veterinary Association, Gloucester, 2001.

ウイルス性人獣共通感染症について

1）Zoonoses, Infectious Diseases Transmissible from Animals to Humans, 3rd ed., Krauss, H. et al., ed., ASM Press, Washington, D. C., 2003.

その他

1）The Cornell Book of Cats, 2nd ed., Siegal, M. ed., Cornell Feline Health Center, Cornell University, Ithaca, 1997.

キーワード集

【の】

【は】

【ひ】

【ふ】

【へ】

著者略歴

望月雅美（もちづき まさみ）

現職：共立製薬株式会社・臨床微生物研究所長
東京大学農学部、山口大学農学部非常勤講師
1951 年　山梨県生まれ
1973 年　東京農工大学獣医学科卒業（獣医師）
1978 年　東京大学大学院博士課程修了（農学博士）
1979 年　英国グラスゴー大学獣医学校留学
1982 年　鹿児島大学農学部採用
1995 年　共立商事株式会社入社

著書に「獣医微生物学」（共著；文永堂出版）他、原著論文、翻訳、
特許等多数。

ウイルスハンティング
ペットを襲うキラーウイルスを追え！　　定価はカバーに表示してあります

2004年7月1日　第1版第1刷発行　　<検印省略>

著　者	望　月　雅　美
発行者	永　井　富　久
印　刷	株式会社平河工業社
製　本	有限会社壺屋製本所
発　行	**文永堂出版株式会社**
	〒113-0033　東京都文京区本郷2丁目27番3号
	TEL　03-3814-3321　FAX　03-3814-9407
	振替　00100-8-114601番

ISBN　4-8300-3196-4 C3061